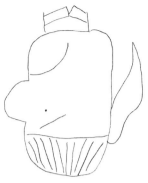

与狗狗变得更加
亲密的 73 种方法

你不懂**狗狗**

U0388226

辽宁科学技术出版社

篇首语

宠物风潮经久不衰。2011年日本猫狗饲养实际情况调查的结果显示，全日本共有11,936,000只宠物狗。根据这个数字计算，可以推算出约有18%的日本国民与宠物狗一起过着朝夕相处的生活。

话说人们为什么这么喜欢养狗呢？其原因也是各种各样的。举个例子来说，即使狗狗受到人类的各种冷遇、暂时性地对人类产生不信任感，但只要重新被人类善待，它们还是会视其为自己的主人，从此忠心不二。或许正是因为狗狗的这种忠于主人、服从命令的性格，才让大家都喜欢养狗吧。

主人越是能理解狗狗们的这种心意，狗狗们就会愈发努力地去理解主人的想法和意图。或许这就是我们常说的，狗狗与人类之间的"羁绊"吧。无论是我自己养狗的体会，还是从其他狗狗主人身上看到的事情，都不断加深我的这种感受。

我总是感慨于狗狗与人类之间没有共通的语言，但只要主人能够耐心细致地去观察狗狗的行为，其实也是可以与它们"对话"的。想要与狗狗对话，最重要的一点就是"设身处地去体会狗狗的内心世界"。希望您在读完本书之后，恍然大悟地发出"原来你们一直是这样的心情啊！"的感慨，也希望主人与狗狗之间的信赖感更加深厚。如此，甚感欣喜。

中村多惠

狗狗驯养咨询师

序言

总是脱口而出的一句话

"先发制人？！
你是有预知能力么？"

主人只要站在厨房，它就会坐立不安；主人走向玄关，它就会神情雀跃。热切的小眼神儿仿佛永远在期待着"吃饭"和"散步"，一有风吹草动就迅速做出反应，真是让人瞠目结舌！

"脸都要被舔漏了！"

慌忙赶去上班的早晨、踏着夕阳回家的傍晚、准备进入梦乡的睡前……总之，就是要竭尽所能随时出现在深爱的主人的视野里。好像这样，就是它存在的意义。

"被抚摸的时候幸福到扭来扭去。"

被主人摸摸肚皮、揉揉脖子的时候，舒服地眯起眼睛、扭动身体，就好像跟妈妈在一起的时候那样有恃无恐。主人察觉到狗狗像爱妈妈一样爱着自己，除了更喜爱这个毛小孩儿还能怎么样呢。

"再高兴也不要
把手放到我的头上。"

有这样一只小狗，每天都会在玄关迎接主人回家。主人一进门，虽然狗狗兴奋得几乎飞起，还是努力忍耐着保持坐姿。可一旦主人弯腰脱鞋，狗狗就会伸手按住主人的头……仿佛在说："等你好久啦……"

"我不会抢你的
玩具哒。"

每次把玩具递给狗狗，它就会发出可怜兮兮的声音，带着一脸为难的表情走来走去……

你要藏宝倒是没问题，可是不要忘了藏宝的地方哦。

"一坐下就是圆圆的一坨。"

说到"坐好",指的是人类盘腿坐那种姿势吗?狗狗一坐下,就像不倒翁一样,看起来圆圆的一坨,让人忍不住伸手摸两把。

目 录

第1章　沉迷在你的坏习惯里

第2章　让我们来谈谈你的日常生活

第3章　想要告诉你的处事法则

第 **1** 章

沉迷在你的坏习惯里

情深意长的相亲相爱

"当你盯着我看的时候，其实我会有一点小紧张。"

狗狗是群居动物，服从领袖的习性非常强烈。对于家里饲养的宠物狗来说，主人就是它们的领袖。所以狗狗们会时刻关注主人的味道、声音和表情。

读取主人的表情和行动，是狗狗的狗生意义之所在

当你从一个房间走到另外一个房间，身后一直跟着一个"小尾巴"。它仰着头，目光追随着你，偶尔与你对视的时候，还会轻摇一下尾巴，当你转身看见身后这条可爱的"小尾巴"时，会不会觉得，它从里到外都透着一股难以言表的可爱呢？

狗狗一直这样专注地盯着主人，是因为它们知道，在人类社会的"家庭"里，主人的存在可以保证它处于一种"可信赖的、安心的"环境里。如果主人不在，别说散步，就是连三餐都没法得到保证。所以狗狗会调动全身的器官，通过鼻子、耳朵、口、眼睛来获取主人发出的"气味""声音""表情"，并殷切地关注着主人的动向。当然，当狗狗殷勤地跟着主人，一直仰望着主人的

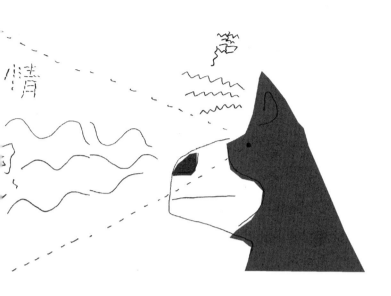

时候，也有可能是在诉说"主人，我想散步啦""主人，一起游戏呀"，或者是在说"主人，是不是该开饭啦"等。

当你在路边遇到一只可爱的狗狗，忍不住两眼发光地盯着它看时，它会不会别过脸去不跟你对视？这时候，不要烦恼"它是不是讨厌我"这样的事情。狗狗避免跟你对视，不是因为讨厌你、也不是因为自己害羞，而是因为它们不习惯与人对视。狗狗与初次见面的狗狗互相对视，意味着它们之间即将发生争斗。也就是说，狗狗回避自己的目光，是在告诉你"我不想跟你打架哦"。伸手摸狗狗的时候，要先让它们闻一闻你指甲的味道，然后轻言细语地摸狗狗的脖子或者侧腹。

"每天都等我回家的，
只有你啊！"

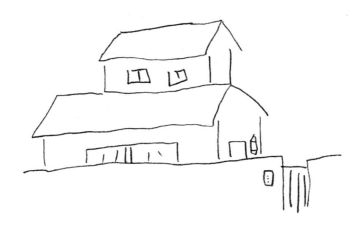

因为，我一直在用心等待你的归来

　　当主人外出回家的时候，狗狗总是甩着尾巴跑到玄关去迎接主人的归来。狗狗能毫无条件地爱与信任主人，这想必是人类喜爱狗狗的最主要的原因之一吧。无论狗狗年纪多大，总还是像个孩子一样。在动物学家们的眼里，这种不会消失的幼儿特征叫作"幼态持续"。狼妈妈在外出狩猎的时候，小狼宝宝总是翘首企盼着狼妈妈能够早点带猎物归来。而对于狗狗来说，外出工作的主人，扮演的就是外出工作的狼妈妈的角色吧。狗狗像爱着母亲一样爱着自己的主人，这种感情纯洁无瑕。自己喜欢的主人终于回来了，欢欣雀跃的狗狗像孩子一样望着主人进门，并对主人大叫

即使狗狗已经"长大成人",也会像小孩子等妈妈回家一样等待主人回家。它们能辨认出家人的脚步声,早早跑到玄关处迎接。

一声"主人你回来啦",这不就像孩子一样嘛!

　　狗狗的嗅觉非常发达,我们甚至可以认为狗狗通过"闻味道"就能判断几乎所有的事物。所以狗狗在主人身边闻来闻去的时候,是在确认主人这一天的行动,就好像在问"你去哪儿了?"一样。可是话说回来,为什么狗狗能在主人进门前就跑到玄关等待呢?这是因为狗狗的听觉能力是人类的 6 倍,听力范围大概是人类的 4 倍。所以早在主人离家还有段距离的时候,狗狗就已经辨别出主人的脚步声,然后早早跑到门口等候啦。

还没回来呢~

太高兴的时候一不留神就没控制住……
狗狗没有恶意，主人就别大声呵斥了

　　话说有没有这样的时候，你回到家时，狗狗正在玄关等着你，一看到你兴奋不已……就尿了。这种现象通称"拉拉尿"，属于小奶狗特有的生理现象，还真没有什么好办法。时不时拉拉尿的狗狗，多为小型犬或雌性犬，基本上是黏人、喜欢社交、容易兴奋的性格。说到拉拉尿的现象，是因为狗狗在兴奋、极度紧张、忽然吓了一跳的时候，忽然括约肌松弛，所以膀胱就情不自禁地释放了。那些能在见到主人回来就拉拉尿的狗狗，一定是听到主人说"我回来了，你今天乖不乖啊？"的时候，就

兴奋的时候括约肌（尿道的肌肉）松弛，膀胱自然而然地发生排泄反应，这是没办法控制的。

迫不及待地要被主人亲亲抱抱举高高啦，这一兴奋才会拉拉尿。如果狗狗总是会犯拉拉尿的毛病，可以尝试着在它们兴奋的时候假装"视而不见"，然后在它们恢复平静以后加以表扬。如果在拉拉尿的时候大声呵斥狗狗，反而会让它们受惊，甚至让狗狗觉得"排泄是坏事"，以后就憋住不臭臭。所以啊，主人请不要大声呵斥，多想一想怎么做才是对狗狗最好的教育。我自己倒是觉得，主人要是能在狗狗安静下来以后摸摸它，就是最好的素养教育了。

"你吃甜筒竟然不分给我！"

大白天的就没羞没臊地
亲亲？其实那是想舔舔
你嘴边的冰激凌好吗。

跟我们人类一样，
这也是一种表达"喜欢你"的方式

抚摸爱犬的时候、表扬它的时候，它会不会呲溜呲溜地过来舔你的嘴巴？就好像狗狗也跟人类一样，会通过亲亲的方式来表达喜爱，想到"狗狗竟然这么喜欢我啊！"的时候，有没有点飘飘然啊。据说狗狗会来舔人的脸或者嘴的习惯，是从它们的祖先——狼那里遗传下来的。狼妈妈会先把食物咀嚼细软，然后吐出来喂给小狼崽吃。小狼崽会一边吃妈妈喂给自己的食物，一边舔妈妈的嘴巴来撒娇。这个动作也体现自己对更强大的狼的服从。如果狼妈妈生气了，小狼崽也会舔舔妈妈的嘴巴去承认错误。这个习性保留至今，狗狗把自己的主人当成妈妈，所以时不时地想舔主人的嘴巴。这个动作的意思可能是"饿啦饿啦，快做饭吧"，也可能是"我喜欢你！"，还有可能是说"别生气啦"。因为狗狗是通过这样的动作表示自己对主人的喜爱与服从，所以请开开心心地接受狗狗的好意吧。

但是，75%的狗狗嘴巴里都有球状细菌。虽然正常人接触这种细菌也不会发生异常反应，但婴幼儿或免疫力低的人则有可能因此引发支气管炎等并发症。所以感冒的时候要跟狗狗保持距离哦。特别是不要共用碗碟或勺子，也不要在亲亲的时候沾染狗狗的唾液。这样多少能安心一些吧。

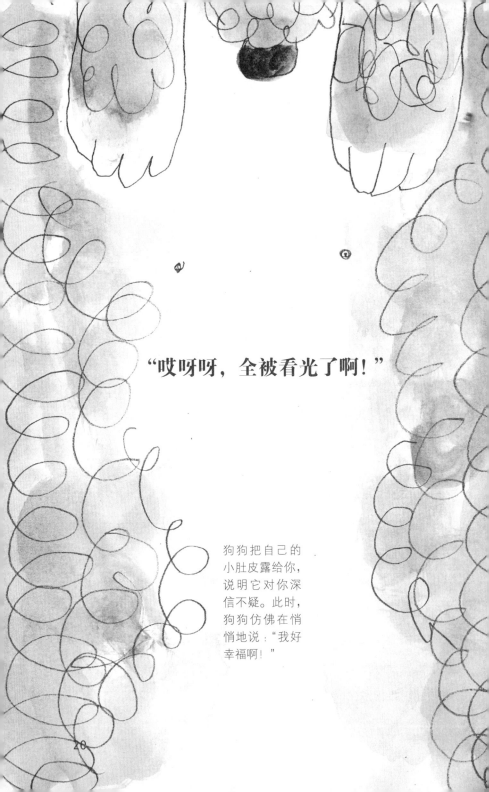

"哎呀呀，全被看光了啊！"

狗狗把自己的小肚皮露给你，说明它对你深信不疑。此时，狗狗仿佛在悄悄地说："我好幸福啊！"

有伤大雅的姿势，其实是在表现对主人无比安心

有时候狗狗露出肚皮，仰面朝天地打瞌睡。如果是女孩子的话，主人难免目瞪口呆地想，"我家是个女汉子吗？这个姿势也……"不过话说回来，狗狗把身体完全伸展开，长长一条也怪可爱的。

动物的下腹部没有骨架（肋骨），而且毛发也比其他部位少，是最不设防的部位。当它仰面朝天躺在地上时，一旦被敌人咬到就是致命伤，所以肚皮可是小动物最大的弱点。但凡狗狗对你有一点的戒心，都不会把肚皮露给你看。如果你家狗狗毫不吝惜地把如此重要的部位展现在你面前，就等于在对你做最真情的告白："绝对不会背叛你哒，我可是百分百信任你哦！"只有那些跟狗狗关系亲密的主人，才有机会看到狗狗的小肚皮。这也充分证明了狗狗在主人面前可以完全安心。怎么样，更爱你家狗狗了吧。

另一方面呢，狗狗摆出这种服从的姿势，有时候也是在诉求"来摸摸我的小肚皮吧"。如果狗狗觉得自己的家庭地位比主人高，可能会因为主人摸肚皮的姿势不对反咬主人一口呢。到了这个程度，就是"问题少年"了，需要及时纠正哦。如果狗狗露出肚皮，却避开了对视的视线，尾巴、耳朵还都保持紧张兮兮的状态，那可就是在强大的敌人面前"示弱"了。

"今天的小尾巴
也有尽情摇摆。"

看起来只是摇着尾巴，但是狗狗的小心思可不一定是什么意思呢。主人们不要会错意哦。

摇摆尾巴是狗狗的肢体语言，
有两种意思

狗狗看到主人的时候，总会摇着尾巴凑上前去。我们都知道，狗狗摇尾巴说明它心情还不错。其实呢，如果狗狗表达"你好"的时候，尾巴的摆幅只有一点点。心情越美丽，尾巴的摆幅也越来越大。如果狗狗向你扑过来的时候，尾巴摇得像是要飞起，那可就是非常纯粹而直接的示爱了。

包括狗狗在内，大多数动物的尾巴都有保持身体平衡的作用。但因为狗狗本来就会用尾巴来跟同伴们交流，所以我们可以通过观察狗狗的小尾巴来理解它当下的心理状态。别忘了，狗狗摇尾巴可是它们的肢体语言。

如果狗狗非常快速地摇尾巴，无外乎两个可能性：第一个，就是开心到飞起。例如与亲爱的主人久别重逢时，狗狗就会这么摇尾巴。第二个，情况正好相反，狗狗明显并不开心却摇起了尾巴，那一定是被主人严厉批评了。这时候，狗狗其实是在说"不要生那么大的气嘛"，希望主人能够平静下来呢。根据实际情况判断吧。

"别忘了确认'尾巴语言'。"

说句老实话，并不能完全通过狗狗的尾巴准确判断出狗狗的心理状态，我们还是应该根据狗狗当下的状态来确认小尾巴表达的基本情感。因为小尾巴的动作就是狗狗的肢体语言，请综合尾巴、体态和声音等，了解狗狗当下的心情。

让我看看，让我看看！

尾巴是怎么动的？

◎ **尾巴朝上，小幅度摇摆**

心情喜悦，邀请你一起玩耍的时候，尾巴会高高翘起摆动。这是善意的表示。

◎ **尾巴上翘**

体现自己的威严、强势的状态。尾巴上翘、身体笔直的时候，要么是准备进攻，要么是保持警备的状态。

◎ **大幅度左右摇摆**

看见比自己小的狗狗或者小奶狗靠近的时候，尾巴会这样摆动。意思是在说："这个小家伙……好黏人啊，脑瓜疼！"

◎ 尾巴朝下，
　 小幅度摇摆

警戒中，或者正困
惑于"太高兴了，
咋整？"。

◎ 尾巴朝下，
　 向上翘着摇
　 摆

尾巴下垂的时候，
表示狗狗心情平和。
向上翘着摇摆时，
表示撒娇或服从。

◎ 尾巴朝上，
　 缓慢摆动

处于紧张状态。可
能是在对陌生人或
陌生狗狗说："不要
过来这边哦！"

◎ 尾巴倒立

明显的攻击姿态。
如果背毛倒立，则
确凿无疑。

◎ 尾巴水平伸开

此刻心情相对平和。
也可能是在认真思
考："干点什么有意
思的事儿呢？"

◎ 尾巴夹在两腿
　 中间

感到恐惧，属于"不
要攻击我"的服从
体态。

"今天也要
黏着我一整天吗?"

跟主人在一起的时候，是最安心的时候

曾经有人跟我抱怨:"休息日总
是黏在我身边，太愁人啦。"我以为
她说的是男朋友，仔细一问才知道
是她家养的狗狗。还真是有很多狗

狗喜欢跟在主人身后寸步不离呢。狗狗追在你身后不离不弃，难
道你不觉得"我家狗狗是忠犬"吗?

狗狗原本就是习惯了群居生活的动物，并不喜欢独自生活。
何况待在家庭领袖——自己的主人身边，才是狗狗最安心的时
刻。狗狗的群居本能和在人类社会中生活养成的习惯，让狗狗下

寸步不离也会让人脑瓜疼。跟教育小孩子一样，过于溺爱可不是件好事哦。

意识地萌发出"我要跟在主人身边"的念头。当然，平时狗狗独自留下看家的时间太长了，难得的休息日当然要紧紧黏住主人了。

如果狗狗用小爪子或鼻头顶你的脚，或者把下巴放在主人的膝盖上，八成是在邀请你一起玩儿呢。我们可以认为这种动作是狗狗在求关心，也可能是因为你陪伴的时间不够哦。

虽说狗狗寸步不离地跟在身后是件很可爱的事情，但难免狗狗控制不好尺度，影响到主人的正常生活。不分昼夜跟在主人身旁的狗狗，怕是依存心意过于强烈。偶尔试着对狗狗的表现置之不理，也培养一下狗狗的自立心吧。

"我看起来像是在玩儿吗?"

夫妻二人正在认真吵架的时候……狗狗却兴致盎然地把自己的小玩具叼了过来。其实狗狗能够察觉出不同寻常的氛围哦。

家人、夫妻吵架会让狗狗情绪紧张,尽量避免吧

夫妻或家人吵架的时候,狗狗好像能够察觉出紧张的空气。它们要么开始呜呜叫,要么把自己的小玩具叼到主人面前,好像在劝架一样。

在狗狗的眼睛里,夫妻吵架就好像家里的老大和老二发生了内斗。生活在两个人庇护之下的狗狗,除了紧张就是不安。

刚开始的时候,狗狗可能误以为主人在"做游戏",所以才会叼着玩具过来请求"带我一个、带我一个"。

"唉！这个时候跑来干什么？"正在吵架的人被分散了注意力，甚至没忍住笑了出来，这下一来不知不觉就能和好了。但是，如果主人继续激烈地争吵，狗狗也会感受到紧张的气氛，并随之感到不安。有些狗狗会在这种时候疑惑地靠近主人身边，它们呜呜地低鸣着好像要"劝架"一样。其实类似的争执也会发生在两只狗狗之间，如果碰巧有第三只狗狗在场，也同样会跑过来"劝架"呢。

当主人的争吵继续升级，开始怒吼、扔东西，甚至动手打架的情况下，狗狗有时候会因为害怕而逃跑。要知道这种情况会给狗狗带来很大的心理压力，所以为了不让毛小孩儿感到不安，吵架也适可而止吧。

"你是在安慰我吗？"

孤单寂寞的时候，只要有爱犬陪在身旁，就多少能得到一些慰藉。狗狗发觉主人跟平常不大一样的时候，会开始担心呢。

因为始终关注着主人的样子，所以能敏感地察觉出主人身上的变化

在心情低落的时候，爱犬来到身边，带着满脸的担心看着你，还会用小舌头舔舔你的脸。难道狗狗也能理解人类的心理活动吗？与其说狗狗能理解人类的心理活动，不如说狗狗其实能观察出"主人的行为模式"。

打个比方说，你有没有疑惑过"难道狗狗能分辨出工作日和休息日"这个问题？在工作日的早晨，从主人起床到出门这段时间里，主人要洗漱整理、照顾狗狗饮食等，每个时间段的行为模式基本相同。例如早餐以后快速准备狗狗一天的口粮，然后穿好衣服走到门口，为了避免迟到通常动作会非常麻利。相比之下，休息日的时候主人总是慢吞吞、慢吞吞的。狗狗看到主人这种状态，就能理解出"今天主人会在家待好长一段时间呢"。所以说，狗狗能非常敏感地察觉出主人不同寻常的行为和动作。

如果碰巧今天主人"声音低沉""久坐不起""泪水涟涟"，也一样能引起狗狗充分的关注。主人不同寻常的行为，让狗狗感知到不一样的讯息，所以狗狗才会默默走到主人身边，用关切的姿态问询："你怎么了？"狗狗紧张的眼神和舔主人的动作，会被理解成"对主人的安慰"。所以我们可以认为狗狗能从"人类行为"的变化中，感知到的人类的"心理活动"。

狗狗是同理心非常强
的动物，家人高兴，
自己也快乐；家人意
志消沉，狗狗也没办
法兴致盎然。

32

家人意志消沉的时候，狗狗也会没精打采

我们经常可以听到这样的事情，当家里一直照顾自己的主人身体不适时，狗狗会一脸担心地看着主人，并且寸步不离地守在主人的身边。这是因为有人生病的时候，家里的氛围会比平时低沉很多。狗狗感知到了这样的情绪，就随之变得消沉。从这样的情绪变化中，我们更加深刻地体会到狗狗就是我们名副其实的家人。但究其原因，也是因为狗狗观察到主人不吃饭、躺着不动等行为跟平常不一样。

1991 年，一场地震袭击了美国的加利福尼亚州。当时有一只狗狗始终守护在因为吸入烟气而晕倒了的女主人身边，一时传为佳话。据说后来，因为深爱着的女主人被严重烧伤，这只狗狗还闷闷不乐了好长一段时间呢。狗狗对主人忠诚的感情由此可见一斑。

当然，也有些狗狗并不在意主人的变化。但是请理解，这并不意味你家的狗狗就冷血薄情。不管怎么说，看到狗狗永远意气风发的样子，还是能被治愈一些的吧……

最近有研究显示，狗狗能通过"味道"识别出身患癌症的患者。这类狗狗因为嗅觉和注意力特别集中，也被叫作"癌症识别犬"。

"我的敌人
就是你的敌人？"

狗狗具有比人类更卓越的观察能力。它们随时留意着主人有没有遇到危险，还会奋不顾身地保护主人。

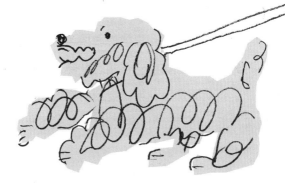

狗狗不是选择与强者为伍，
而是永远与"喜爱的人"结盟

　　夫妻或者家人争吵的时候，狗狗有时候会坚定地站在某人的一边，向着另一方开始吠叫。这是狗狗在守护着这个人呢。在狼群之间发生争斗的时候，敌人会攻击单只弱小的狼，以便给力量强大的狼增加负担。这就是大自然中残酷的"弱肉强食"。但是宠物狗可不会审时度势地选择更强大的主人为伍，它们只是单纯地与"喜欢的人"站在一起。这个特点是宠物狗与野狼最大的区别之一，让我们看看狗狗忠诚不二的性格特点吧。

　　作家林芙美子家的宠物狗就有这样一段小故事。据林芙老师的侄子福江先生介绍，"每次跟奶奶（林芙美子老师的妈妈）吵架，小狗就会飞奔过来朝着奶奶大叫，好像要跟我组团助攻一样。这种事总会让奶奶愤愤不平。"据说平时家里都是福江先生给小狗喂饭，所以狗狗可能无比热爱着福江先生，才会产生"我要去帮忙"的使命感吧。

　　就连散步途中，如果主人遇到了敌意，狗狗也会大声吠叫，尽力保护主人。这可能是因为狗狗感到了主人的状态与平时不同，才会判断对方是"敌人"。相反，只要是作为领袖的主人能接受的对象，狗狗也不太会抱有警戒心。

如果主人经常在散步途中光顾
某家小店，时间一长狗狗就会
记住这种模式，真的不是为了
得到你的褒奖才这么做的。

观察主人的行动进行预测，
年长的狗狗有超级准的第六感

　　主人一边说着"吃零食咯"，一边从沙沙作响的塑料袋中掏
出零食，这时候狗狗的小尾巴总会摇晃到模糊。虽然看起来好
像狗狗能听懂人类的语言一样，但其实它们只是记住了语言和
关联行动之间的关系。狗狗并不会理解"零食"这种词汇的意思，
但就像它们能辨别工作日和休息日一样，狗狗可以通过敏锐的
观察力来了解主人的行为模式和习惯，然后进一步预测主人行
为的目的。

　　我听说过有的狗狗会在每天早晨跑到门口取报纸，这是因为它观察了主人的行动，然后记住了语言与这个行动之间的关系。早晨，主人会到门口取回什么，然后打开阅读。狗狗日复一日观察到这种行为以后，心里认定"主人每天都需要门口的那个东西"，这才会提前把报纸叼回来的。有位每天早晨带狗狗散步的男士曾经跟我说过，他在散步途中会在固定的长椅处坐下来吸一根烟。时间一长，狗狗就会先跑到这个长椅侧面，乖乖坐下来，好像在说："我们在这儿休息一下吧。"狗狗真的非常热爱自己的主人，留意着主人一举一动的每个小细节呢。

狗狗是长不大的孩子，时刻需要主人的关注。如果没有进入你的社交圈，会来呼唤你："我在这儿呢，我在这儿呢！"

38

喂，喂，我在这里呢！一起玩儿啊

爱犬有时会把前爪搭到主人肩头。好像用小爪子拍着主人的肩膀说："喂，喂。"让人下意识地反问道："怎么了？"这到底是什么意思呢？

据说在狗狗之间，把前爪搭在对方的肩上是在向对方宣告："我是老大！"所以有些人认为，狗狗这样跟主人相处，是在彰显自己才是一家之主的地位，应该及时纠正。但事实如此吗？我倒是认为，狗狗对主人的这种举动，更多是在寻求主人的关注。好像是在强烈诉求"一起玩儿呗""喂喂，你看我一眼"的意思。特别是当这个动作和眼神轻松、嘴巴微张的表情配合在一起时，就是很明显地在向主人撒娇呢。

同样，用鼻尖轻轻拱主人啊，把下巴搭在主人膝盖上啊，把前爪搭在主人腿上等行为，都很少发生在狗狗同伴之间。您可以回忆一下，是不是狗狗自己留下看家时间太长，或者您陪狗狗玩耍时间太短的时候，狗狗更容易有这样的举动？恐怕，这个举动就是太过寂寞，在求关注的一种表现呢。所以，狗狗坐在地上抬起前爪上下摆动的时候，也应该是在邀请您一起玩耍呢。或者，也可能是在跟您要小零食呢。

"你在叫我过来吗？"

我能先往前跑几步吗？
其实狗狗有在征求主人的意见哦

　　狗狗在散步的路上，总是遥遥领先地跑在前面，然后回头看看主人，再回头看看主人……您也常见这样的情况吧。好像狗狗跑到了前面，不停回头跟主人说："到这里来啊，到这里来啊！"那双天真无邪的大眼睛真让人着迷。这种举动，可以看作是狗狗跑出来散步时兴高采烈的写照。在公园里，常见老年人带着活泼可爱的小狗一起散步的场景。狗狗率先跑出去，然后又会带着"我可以先跑吗"的表情停下来等主人。因为狗狗日常生活在受

只要狗狗没有体现出凌驾于主人之上的姿态，就可以任由它们自由自在地散步。其实，它们有在偷偷留意主人的样子呢。

限空间中，散步是能接触外部世界的宝贵时间，心情雀跃也是理所当然。如果主人能牵住狗狗，让它们配合自己的步伐，倒是也没什么问题。但是如果狗狗的体力过剩，不妨偶尔一起跑一跑，也能更加增进感情呢。

如果狗狗冲在前面，引领着前进的方向时，说明狗狗已经有了明确的目的地。这就意味着对狗狗来说，是它在带着主人散步。长此以往，狗狗会越来越不听主人的话，变成一个任性的孩子。在这种情况下，需要主人停下来等待狗狗止步，然后改变方向继续前进。别忘了，主导权始终应该掌握在主人的手里。

偶尔意见分歧的两个人

"你叫什么名字来的？"

**一被直呼大名就要挨批评，
这怕就是被无视的原因之一吧**

　　呼唤狗狗的时候，狗狗既不回头看，也不跑回来……究竟是它没听见，还是故意不理我？作为主人，当然希望一叫狗狗的名字，狗狗就能屁颠屁颠地跑回来了。但是如果总是被狗狗无视，你就需要回忆一下，有没有在狗狗淘气的时候一边大叫它的名字一边训斥过它呢？如果狗狗认为"一被直呼大名就要挨批评"，那就当然会无视你的呼唤了。所以在平时啊，请避免喊着狗狗的

呼唤狗狗却被无视，一定有具体的原因。如果狗狗听到召唤跑了回来，别忘了给它们大大的表扬哦。

喂，回家了哦，胖胖！

名字批评它。而且，也不要在狗狗被你叫过来以后就马上做些剪指甲、刷毛等狗狗讨厌的事情。

相反，在一起玩耍的时候、一起散步的时候、喂饭的时候等狗狗心花怒放的时候，才应该积极呼唤狗狗的大名。只要狗狗牢记"被点名就有好事发生"这一点，就一定会听从你的呼唤飞奔回来的。

基本来说，狗狗也有我们人类的那种"开心""高兴""舒服"等情绪。所以要在狗狗服从主人的命令时，让它们感受到"开心""高兴"或"舒服"。对狗狗来说，被主人宠爱会让它无与伦比地喜悦。被主人表扬、抚摸、抱在怀里时，它能切身感受到自己被主人宠爱，是幸福的吧。

"歪着小脑瓜，还真是聚精会神呢！"

为了听懂人类的语言，自始至终全力以赴

　　某家音乐产品的图标，是一只专心致志的歪着头的狗狗的图案。那张认真的小脸好像在思考"这是什么声音啊"，神情可爱极了。狗狗歪着头盯着我们看的时候，仿佛在用眼睛询问："怎么了？"

　　确实，狗狗在仔细研究和分析的时候，经常摆出歪着头的姿态。例如主人跟狗狗说话的时候，它也会歪着头倾听。虽然狗狗能清楚地听到我们讲话，但是处于不明所以的状态，所以它们才会歪着脑袋"侧耳倾听"。这个动作，有点类似雷达不停旋转着找声源的模式。

有些狗狗一般情况下都能顺从地听从主人的指示，但偶尔就只是歪着小脑袋一动不动。别担心，这种事情并不是狗狗变成了小坏蛋，而是碰巧这一天主人的声调没有抑扬顿挫，狗狗无法判断其中的含义罢了。在对狗狗做出指令的时候，或者需要狗狗做什么动作的时候，要在语调中加一些起伏。特别要让语言目的的部分比较高亢一些，这样狗狗才能明白主人的要求是什么。

还有，有些狗狗在观察到"我一歪着脑袋，主人就夸我可爱"的事实以后，就会刻意对着主人歪脑袋呢。

狗狗歪着小脑袋的时候，大多数都是在努力倾听身边的声音。但是也有种可能，就是……项圈勒得太紧了……

"真的好喜欢抱抱啊！"

从狗狗的本能反应来看，
不能自由活动身体会导致焦虑

你会不会认为"狗狗被主人抱在怀里就很开心"？是的，有些狗狗很喜欢抱抱，但有些狗狗则不然。与其说这些狗狗不喜欢抱抱，倒不如说它们不习惯被抱。

小动物其实都不太适应身体无法自由活动的状态。特别对于狗狗来说，身体不能自由活动是件既恐怖又焦虑的事。被抱起来，好像就被拘禁了一样，所以有些狗狗会在主人的怀里愤怒地咆哮："放开我，放开我。"相比之下，小型犬对于抱抱没有那么反感，但是柴犬等日本犬种当中大多数的狗狗都不喜欢抱抱。

如果长时间把小型犬抱在怀里，让它养成了被抱的习惯，会造成"步行恐惧"的后果。这样一来，狗狗就不怎么喜欢走路了呢。

但无论如何，在刷毛、剪指甲的时候也一定不能让狗狗东跑西跳。特别是在注射狂犬疫苗的时候，必须要固定住狗狗的身体。所以可以在日常让它们适应被抱住的感觉。

抱狗狗的时候，可以弯下腰，一手放在前腿的大腿根下面，另一只手托住狗狗的身体或者小屁屁。抓住狗狗的两只前爪把它们拎起来，或者强行抱起狗狗，都会让它们恐惧万分，还是不要这么做吧。

有些狗狗在被抱过以后，会噗噜噗噜地抖动身体。例如害怕去宠物医院的狗狗，在治疗结束以后就会抖动身体。这其实是狗狗的肢体语言，用于缓解紧张，让自己冷静下来的一种行为。

"再让我睡一会儿懒觉，好不好？"

作家菊池宽先生会把自家的宠物狗抱上床。如果要跟狗狗同床共枕，可别忘了早上会被吵醒哦。

48

"差不多该起床了吧?"早晨可能会被早早叫醒哦

每天早晨起来的第一件事,就是寻找主人的身影。即使主人还在睡觉,也要依偎在主人的身旁。狗狗在自己身边寸步不离,这种浓情蜜意会让主人满心欢喜吧。这种习性来源于狗狗群居生活的本能。"群居"意味着身边要有自己的同伴。而守在领袖身边,就能确认到群落处于被守护的状态,所以狗狗会下意识地时刻观察领袖的动向。

曾经有种说法,认为为了明确主从关系,不应该让狗狗到主人的床上睡觉。现在虽然很多铲屎官明明知道这个道理,还是会让狗主子上床,但请做足心理准备啊。最大的烦恼,就是被狗主子叫醒这件事儿吧。狗狗有千千万万的理由要叫你起床,"我有尿""饿啦""该起床啦"……而主人只要满足几次狗狗的愿望,狗狗以后就会更加兴致勃勃地来叫主人起床,督促主人早睡早起带自己出门散步。主人困不困、累不累,狗狗才不在意呢。只要狗狗懂得了"早起的鸟儿有虫吃"这个道理,就会每天揣着"好嘞,今早也来叫一段儿"的小心思,大清早高歌一曲呢。这种时候,就算你认真跟狗狗讲道理,也怕是没什么用。所以不如下定决心从头到尾无视狗狗的呼唤。这种行为并不能说明狗狗"不善解人意",只能说是主人不小心给狗狗养成了习惯啊。

"我也……没叫你啊！"

家里人在讨论爱犬的事情时，狗狗好像能听出来"在说我的事情呢"，悄悄靠过来听。对八卦消息这么敏感，还真令人意外呢。

是小伙伴，怎么搞得像被孤立了一样

现今社会，狗狗大多数都在室内生活。你有没有意识到，狗狗对我们人类的动作和语言格外关心呢？夜幕降临，狗狗吃完晚餐，看到家人都已经回来了，就安安心心去睡觉。可是当家人笑着说起今天发生在自己身上的囧事时，狗狗又忽然起身，加入其乐融融的家人里面来。这样的场面，是不是也经常发生在你家里呢。这就像是正在睡觉的小宝宝，听到大人们的欢声笑语就会醒来一样。

狗狗原本是群居生活的"社会性动物"，很重视与小伙伴之间的交流和沟通。对于家庭饲养的宠物犬来说，家人们是非常重要的存在。而狗狗察觉家庭成员之间"欢乐氛围"的能力，则远在人类之上。这种情况下，狗狗能自然而然地对笑声、高亢的语调和自己的名字做出反应。狗狗转动自己的小耳朵，感知到"嗯，主人们在开开心心地说我的事情呢"，所以才会想加入其中。

同样，当家里来了客人时，狗狗也会时不时地想加入其中，这是"别忘了我的存在哦"的意思。只要狗狗不大声吠叫就没问题。如果是单纯的淘气，主人可以视而不理哦。

"莫非你在装病吗？！"

原来如此。想被宠爱的时候，有意而为之啊

　　家里养的狗狗使劲蜷起了腿，看起来却并没有受伤。带去医院检查，也没发现什么异常。以为它是哪里不舒服，可没过几分钟就又活蹦乱跳了……

　　大概，这种情况在每只狗狗身上都发生过吧。例如有户人家的宠物狗生了宝宝以后，主人花了很多精力照看狗宝宝。有一天，狗妈妈在外出散步的时候忽然蜷着腿止步不前。明明刚才还好好的，也没有受伤，怎么回事呢？主人为了保险起见，带狗狗去看兽医，可也没发现什么异常。难道这是装病吗？

这是因为狗妈妈一直是家里的独宠，长时间以来习惯于腻在主人身边。当看到主人转向去照顾小狗狗时，就心生嫉妒了。但如果主人或家人不在身边，狗狗也发生这种情况时，要及时到医院检查一下哦。

除此之外，在主人工作繁忙的时候、交往了男女朋友的时候，可能会短时间降低对狗狗的关注度。这时候狗狗会"用心"引起主人的注意力，可能会做出"装病"的举动。这是因为狗狗记得以前生病或受伤时受到过主人无微不至的关怀，所以期待这样做能得到同样的待遇呢。如果发现狗狗装病，千万不要训斥它。只要多加关心，让它感受到爱与安全感就好了。

狗狗也会装病。这只不过是狗狗心灵空虚的一种表现，请不要怒发冲冠哦。

"难道你并没有注意到?!"

就算是狗狗,偶尔也会认错人呀

狗狗听到玄关那里有动静,一门心思以为"是爸爸回来啦",飞奔过来却迎接到了送外卖的小哥哥。这时候,狗狗歪头挠脖子的样子真让人忍俊不禁,难道你是在辩解"自己没有认错人"吗?有一位狗狗主人曾经跟我讲过,她有一次跟狗狗玩耍的时候,蹑手蹑脚地从后院进了屋。结果被狗狗当作可疑人物,朝她狂吼了半天。当狗狗终于看清眼前人时,才恍然大悟这是妈妈。据说当时看起来狗狗好像有点儿小害羞,却也用满脸的欣喜掩盖了过去。

有时候狗狗在家玩得不亦乐乎，不小心碰掉了桌子上的食物、弄破了壁纸，或者露出了意想不到的丑态时，狗狗也会留心观察主人的情绪呢。如果看出来主人不高兴，狗狗可能会耷拉着脑袋撒娇，也可能会露出肚皮表示投降，甚至会主动做出"握手""趴趴"的姿势以求蒙混过关。看起来好像是狗狗在自觉地反省过失，但事实并非如此。因为狗狗并不会自行判断哪种行为是"好的"，哪种行为是"不好的"，它们只能通过主人的反应来判断。如果主人大吼大叫、脸红脖子粗，狗狗才会察觉出主人的行为跟平常不大一样，然后做出"好像生气了哟，虽然不知道为啥，但先让主人消消气再说"的判断。

狗狗略显慌张的神色和动作，多少能缓和一些主人的情绪。尽管如此……狗狗该淘气的时候还是会淘气……

"不喜欢独自留下看家吗？"

狗狗与人类共同生活，少不了面对"独自看家"的情况。如果只是一个晚上的话，主人可能也会准备好水和饭以后放心地把狗狗留在家里。但对于狗狗来说，独自留下看家可是件挺为难的事呢。本来狗狗就是习惯与同伴一起生活的小动物，独处会非常不安。特别是那些与主人一起生活的宠物犬，要是整晚都看不到主人真的会非常焦虑。因为对于生活在人类社会中的狗狗来说，要是群主（主人）不在身边，可是安稳生活濒临崩溃的重大危机啊。

如果让狗狗独自留下看家，

狗狗可能会大声吠叫着找其他同伴，也可能在焦虑之下把家里弄得乱七八糟。说到底是因为独自看家实在太没意思了，一定要破坏点什么东西才够刺激。如果是在室外生活的狗狗，可能会直接刨一个土坑出来。有的狗狗独自在家时，心情郁闷到不吃也不喝。我还听说过有的宠物犬，一看到主人给自己盛了很多饭，就误以为要被留下看家，愤愤然连饭都不吃了呢。狗狗能独处的时间有限，据说平均 8 小时而已，所以原则上不要把狗狗独自留在家太长时间。如果想训练狗狗适应较长的独处时间，可以一点一点地延长外出时间。在出门之前，准备一些小玩具、小零食给狗狗，也未尝不是一种好方法。

狗狗也会感到空虚寂寞冷哦。你出门之前狗狗的心神不宁，其实是一种撒娇的表现。回家以后，可别忘了好好安慰一下狗狗呀。

关于狗狗的告白信号（coming signal）

告白信号，是狗狗肢体语言的一种。是为了让对方"安心"，让自己"冷静"的一种表达。

◎ 停下来专心闻味道

被称为嗅觉动物的狗狗，能从"闻到的味道"中获取它们想知道的所有信息。例如，它从地面的味道里就能察觉出"嗯？最近来了一个新面孔？有机会认识一下！"的信息。

又或者它虽然对迎面走来的陌生狗狗多少有点感兴趣，却假装毫不在意地低头闻地面，其实是在传达"我对你没有敌意哦"的讯息。

狗狗也会通过相同的方式，向人类传递讯息。主人呼唤狗狗名字的时候，它可能不会马上跑回来。一旦主人停下脚步不动时，狗狗就会一边闻着地面上的味道一边溜达回来。这时候，是在向主人传递"别慌"的情感。对散步时脚步匆忙的主人，狗狗也会有同样的行为。

◎ 伸舌头舔鼻尖

被主人批评的时候，偏巧远处走来一只陌生汪……在这种紧张状态下，狗狗会做出这个动作。

◎ 我在批评你，你却在打哈欠

被主人批评、去宠物医院、遇到陌生汪等完全不会犯困的时候，怎么也会打哈欠呢？这是狗狗在让自己冷静下来，或者让对方平静下来的方法。

◎ 瘙痒

紧张不安、无法平静的时候，常见这种动作。这是为了缓解压力，让自己冷静下来的一种方法。与此类似，我们自己也会在紧张的时候挠挠头发，假装镇静缓解尴尬吧。

◎ 身体横晃

如果对方是人类，或者只是一只汪的时候，这个动作是为了让神情兴奋的对方安静下来的表现。

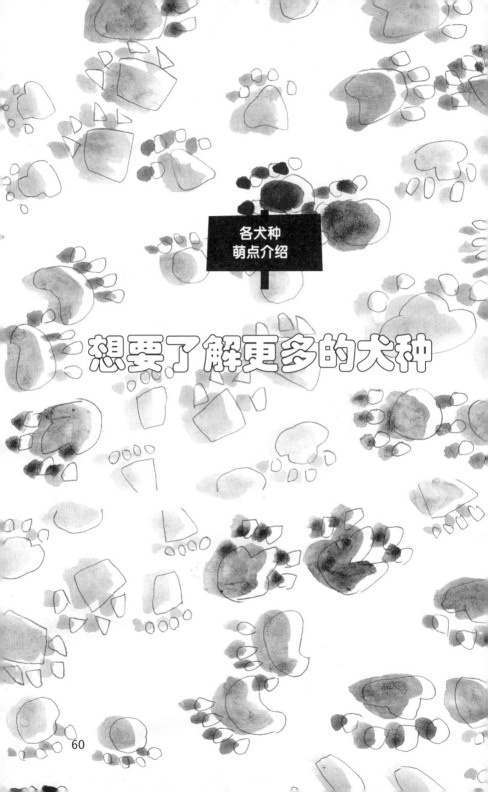

各犬种
萌点介绍

想要了解更多的犬种

像喵星人一样任性的
吉娃娃

像猫？

□小型犬　□2.7kg 以下　□墨西哥

　　原产于墨西哥，被称为"神犬"，水汪汪的大眼睛惹人怜爱。这是世界上最小的犬种。即使是日本的住宅面积，也足够吉娃娃安居乐业，因此在日本备受欢迎。

　　性格天真烂漫，喜爱玩耍，好胜心强。一旦了解到主人对自己的喜爱，就会恃宠而骄地任性起来。说到这一点，跟喵星人有几分相像。所以独自留下看家也基本没问题。

　　但是要注意，小小的台阶也可能让吉娃娃受伤，甚至骨折。成年吉娃娃也存在头盖骨不闭锁的问题，需要小心避免头部遭遇猛烈撞击。毛质蓬松、光滑，但是不耐寒。冬季请在室内饲养。

第 1 章　沉迷在你的坏习惯里——想要了解更多的犬种　　**61**

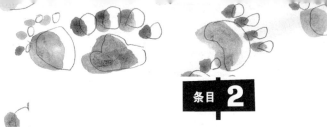

条目 2

可塑性极强的毛发造型

玩具贵宾

我们一起做游戏吧

□小型犬　□3kg　□法国

　　迷你贵宾比标准贵宾小，而玩具贵宾比迷你贵宾还要小。这个犬种诞生于18世纪的法国。19世纪拿破仑二世时代，玩具贵宾成了贵族阶级抱在怀里的装饰品，大受宠爱。把面部、腿、尾巴的毛剪短，只留下脚尖和尾巴上的一小团毛毛，这可是最适合在水边捕猎的发型。那时候为了保护狗狗狩猎时心脏和关节不受到冷水的侵袭，还是会留下对应部位的毛发。现在就完全没这个必要了，所以主人大可在发型设计上发挥想象力。因为贵宾几乎不掉毛，免去了频繁打扫卫生的烦恼。

　　性格中仍然有狩猎犬的特征，喜欢运动和玩耍。忠于主人，性格沉稳，适合第一次养宠物的主人。

条目 **3**

行为敏捷，谨小慎微

腊肠犬

毛质和性格
截然不同

□小型犬　□4.8kg 以下　□德国

在德语中被叫作"daqkusufunto"，其中"daqkusu"是獾的意思，"funto"是犬的意思。顾名思义，这是一种被用来捕捉生活在洞穴中的獾的改良狩猎犬。腊肠犬能利用自身腿长腿短的特征，钻进洞穴里捕捉猎物。为了捕捉兔子等更小一点的猎物，人们又繁殖出更小一点的迷你腊肠犬。

因为早已适应了大家结伴出门打猎的生活，腊肠犬非常擅长搞好团队关系。同时，腊肠犬也有猎犬的通病——喜欢吠叫，这一点还需要通过主人的培养来改正。性格活泼爱动，但请避免频繁上下楼梯、蹦蹦跳跳等会给腰部带来负担的活动。

毛质不同的腊肠犬，具有不同的性格特征。长毛腊肠个性强势，相比之下短毛和刚毛的腊肠性格比较稳重。

条目 **4**

滑稽可爱的撒娇宝宝

八哥

也曾经在上流社会享誉盛名

□小型犬　□6.3~8.1kg　□中国

　　拉丁语名"pug"，意味"拳头"。因为它们矮趴趴的鼻梁、鼓溜溜的大眼睛、耷拉下来的耳朵，看起来就像是被打了一拳一样，因此而得名。八哥的历史可以追溯到公元前 400 年之前，最早是备受宠爱的中国王室宠物犬，在与东印度公司交易的时候传到荷兰，之后堂而皇之地进入到了英国贵族阶层的日常生活。据说英国王室也曾经饲养过八哥，它们这种滑稽可爱的笑脸真的是充满了治愈的魔力。

　　没有攻击性，非常忠诚于主人。但是嫉妒心强，有冥顽不化的一面。鼻梁矮趴趴的，气管狭窄，呼吸困难，睡觉的时候总是鼾声大作。不耐寒也不耐暑，需要小心照看。

条目 **5**

好奇心旺盛，精力充沛

博美

其实博美是地名来的!

☐小型犬　☐1.5~3kg　☐德国

　　毛发蓬松的小型犬，但是它们的祖先可是来自于冰岛等地负责拉雪橇的大型犬——萨摩耶。刚刚来到德国的时候，也非常称职地担任过牧羊犬的工作，因为得到了维多利亚女王的喜爱，品种不断改良，成为今天这种小型犬。现在，在欧洲地区也是人气非常高的犬种。博美，其实是横跨德国和波兰的地区。在德国，人们还是习惯把博美犬叫作"小狐狸狗（spitz）"。

　　博美精力旺盛，几乎不可能一动不动，而且好奇心旺盛。虽然很顺从主人的命令，但免不了像所有小型犬一样略有神经质。性格强势，经常对陌生人大声吠叫，因此主人需要多加管教，避免没有道理的吠叫。常患齿病，应注意保持口腔卫生。

条目 **6**

神圣的中国宫廷犬
狮子狗

我可是用神圣的动物——狮子命名的

□小型犬　□8kg 以下　□中国

　　矮趴趴的小鼻子、水汪汪的大眼睛、脸上还有像胡须一样的毛发……这就是可爱的狮子狗。早在 17 世纪，西藏地区把狮子狗供奉为高贵的神犬，被作为最神圣的动物进贡给中国。此后，它们就有了"狮子狗"的美名。

　　性格既活泼又沉稳，对家人爱得深沉。虽然身体小巧玲珑，但是却倔强而顽强。夏季不耐热，请多注意。

　　大多数的狮子狗的背毛都被剪得很短，它们原本拥有着优雅而纤长的背毛。毛发容易打结，需要每天刷毛，也需要把毛发梳成小绺以后用皮筋绑起来，以便保护毛发。为了防止面部毛发进到眼睛里，要适当地给它们梳小辫子哦。

条目 **7**

用尽全身力气突显自我
约克犬·猎犬

我是会动的宝石

□小型犬 □3kg 以内 □英国

19世纪中期，英国约克郡的工业地区发生鼠灾，老鼠在矿坑和纺织品工厂里横行霸道。约克犬就是专门被改良用来捉老鼠的犬种，但具体源品种不详，据说是小猎犬（terrier）中的一种。那时候约克犬经常与纺织工人接触，人们常说它们优雅美丽的背毛是"用绢丝纺织出来的"，但现今常见的却是短毛品种。

与其高雅的外观截然不同，它们的性格充满琐碎细腻，总是忙忙叨叨地走来走去。对陌生人或陌生动物有攻击性，虽然会大声吠叫，但请理解那只是它们作为守护犬的工作本能。请多给予谅解吧。

它们也有喜欢撒娇、不耐寂寞的一面，长时间独自看家会产生心理压力，甚至身体状况恶化。

条目 **8**

理想的家庭宠物

骑士查理王猎犬

查尔斯二世也是我的粉丝呢

□小型犬　□5~8kg　□英国

　　骑士查理王猎犬有一双可爱的垂耳，是从小型短脚长尾垂耳猎犬培育而来的。据说在15世纪的英国都德王朝，人们亲切地称骑士查理王猎犬为"治愈小猎犬"，会在冬天把它们抱进怀里作为暖手炉。到了18世纪，当时执政的查尔斯二世无比钟爱它的"治愈小猎犬"，以至于抛下国务而不顾。所以，后人用了查尔斯二世的名字来给这个犬种命名。至今，骑士查理王猎犬也是英国的人气犬种。

　　它们性格温柔、外向、容易驯养，能够跟陌生人、儿童，或者其他小动物和谐相处。

　　它们需要定期擦拭下垂的大耳朵。发生心脏疾患的比例较高，要在日常控制体重、保持运动，最好定时体检。

条目 9

拥有完美翘臀的优秀看门犬

柯基犬

你在说我性感吗？

□小型犬　□10~12kg　□英国

　　柯基犬，原本是活跃在英国威尔士地区的畜牧犬。大大的耳朵立在头顶，样子看起来有点像小狐狸。特点是身长腿短，走起路来小屁股摇摇摆摆，甚是可爱。在很久以前，柯基犬也曾经拥有过像狐狸一样毛茸茸的大尾巴，但因为担心在看护牛群的时候被牛踩到尾巴，才逐渐演变成今天这种没有尾巴的品种。

　　柯基犬非常喜欢与人相处，性格沉稳，能听从主人的话。它们能对事物做出清晰的判断，记忆力和独立性都很卓越，可以长时间独自看家。据说因为柯基犬占地盘的意识非常强烈，所以特别适合做看门犬。但是，因为是个小吃货，所以一不小心就会发生肥胖问题，需要关注饮食与运动的平衡。

条目 **10**

拥有武士气质的贤良忠犬

柴犬

说来我倒是有点内向呢

□小型犬　□9~14kg　□日本

　　反翘着小尾巴，气质凛然，相当具有古时候的日本武士风范。柴犬，可以说是日本小型犬的代表，在全世界范围内拥有众多粉丝。据说早在公元前300年左右，柴犬就已经作为丘陵地带的狩猎犬与人类一起生活了。虽说身材属于小型犬，但是体力却并不输给中型犬，而且具有体态轻盈的独特魅力。

　　柴犬从古时候开始就适应了与山间猎户住在一起的一人一犬的生活模式，所以不仅对主人非常顺从，也能保持忠诚不二的态度。但这也导致柴犬很难与其他人建立深厚的关系。柴犬的独立性强，警戒心也很强，偶尔也会拒绝被主人抚摸身体。占地盘的意识强烈，感知到不寻常的情况时会大声吠叫，适合做看门犬。可以在幼犬时期创造更多与主人以外的人类、其他小狗接触的机会，以便培养其社交能力。

自带治愈能力的幽默表情

□小型犬　□10~13kg　□法国

在 19 世纪，有勇气跟牛叫嚣的斗牛犬在英国名声大噪。后来，继承了塌鼻垂耳特征的小型斗牛犬被带到了法国，与小猎犬交配后，孕育出了性格沉稳的法国斗牛犬。立在头顶的耳朵，看起来很像两只小蝙蝠，所以也被称为"蝙蝠耳"。宽而平坦的鼻子和额头、傲娇的小表情，还有与身高不相称的宽阔胸腔，都成了法国斗牛犬独特的魅力，让它们博得了巴黎女性的一致热爱。

法国斗牛犬性格安静，深思熟虑，但是也超级喜爱玩耍和讨主人欢心。亲人，与谁都能和谐相处，几乎不叫。

短小的鼻子与八哥类似，喘气的时候有"呼哧呼哧"的声音。鼾声大，常流口水。

条目 12

经常闪现出猎犬本能

小猎犬

我去去就回

□小型犬　□18~27kg　□英国

　　小猎犬的品种可以追溯到公元前，据说它们最早在希腊帮助人类捕猎野兔。在 14 世纪的英国文献中，已经能考证出小猎犬帮助人类捕猎野兔的历史。据说直到 16 世纪，法国人才在这个犬种的名字中加入"小"的含义，之后名称流传至今。

　　在美国漫画作品《Peanuts》中出现了"史努比"的形象后，小猎犬出现在我们视野中的频率更高了。毕竟它们身体里还残留着一边吠叫一边捕猎的血统，所以有必要从小教导它们不要随意吠叫。虽然性格沉稳，但因为有强烈的独立性，经常单独行动。小猎犬中吃货比较多，散步时会一直寻找"有没有好吃的东西啊"，请小心不要让它们随意食用。

条目 13

顺从而忠实的名犬

拉布拉多

我很忠实

□大型犬　□25~34kg　□英国

　　身为猎犬，但却以导盲犬而闻名。拉布拉多的毛色有黄色、黑色和巧克力色3种，体态要比金毛小一些。

　　性格非常沉稳，能认真听取主人的所有命令，只要加以训练就有可能成为名犬。性格非常温柔，是坚定的和平主义者。小的时候是非常淘气的小朋友，但是很喜欢讨主人欢心。过了2岁以后，会忽然摇身一变成为性格沉稳的"成年人"。

　　起源于19世纪加拿大的纽芬兰岛的拉布拉多州。那时候，它们除了从海边捡拾猎物，还能帮助人类寻找渔网上的浮漂。所以到现在，也有很多拉布拉多热爱水上运动。

条目 **14**

温柔满溢，落落大方

金毛

让运动来得更猛烈些吧

□大型犬　□24~44kg　□英国

在大型犬种中性格最温柔，易于饲养。但曾经也是负责在打猎中回收猎物的猎犬。低垂的大耳朵和温柔的表情是它们的成名招牌。

永远保持超高人气的金毛，拥有一身名副其实的金黄色毛发，闪耀着耀眼的光芒。喜欢人类，对谁都非常友好。保持高度服从命令的天性，接受指示以后的执行力很强。热情开朗，即使生气也能很快抛到脑后。

体力甚佳，喜爱运动。所以每天早晚的散步必不可少。喜欢玩水。即使主人在后面大喊大叫，也有可能不顾一切地冲进水里。

第2章

让我们来谈谈你的日常生活

抱歉~~~
马上~~~

开饭啦

"在犬语里，吃饭怎么说？"

看到你准备"饭"的样子，就能预测到"要开饭啦"

当狗狗听见"开饭啦！"的呼唤时，总会兴高采烈地摇着尾巴跑过来。你看到爱犬这样的身姿，一定笑逐颜开地相信"狗狗能明白人类的语言"吧。遗憾的是，狗狗并不能真正理解人类语言的含义。与其说它们懂得语言的含义，不如理解为它们可以从主人的行动中判断出语言的意思。

例如，到了"开饭"的时间，主人会起身走向厨房、打开食品袋，接下来就会响起餐具的声音。看到这一系列的动作，狗狗就会认识到"快要开饭啦"！

等到主人终于开始呼唤"开饭啦"的时候，狗狗才明确判断出"可以吃饭了"的信号。而且狗狗除了观察主人的动作以外，还能根据听到的声音进行判断。例如有的狗狗听到食品袋的声音，就会起身观望是不是饭要做好了。有些狗狗听到类似的声音，会误以为有好吃的，这也是狗狗蠢萌蠢萌的可爱之处吧。

可能主人还没来得及呼唤"开饭啦"，有的狗狗就已经开始激动了。这都是因为日常"开饭的时间"和主人的动作结合在一起，让狗狗判断出"可能要吃饭了吧"的结果。

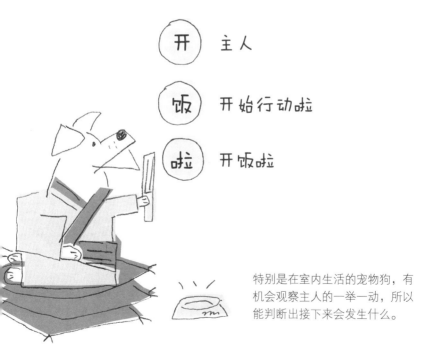

开 主人

饭 开始行动啦

啦 开饭啦

特别是在室内生活的宠物狗，有机会观察主人的一举一动，所以能判断出接下来会发生什么。

用力闻味道，好像在判断究竟能不能吃

喂狗狗吃饭或者吃零食的时候，如果是熟悉的食物，狗狗可能冲过去就吃掉了。可是对于初次接触的食物，狗狗一定要好好闻仔细了才肯张嘴。看起来狗狗好像是在确认"这究竟是什么东西啊"，事实也正是如此。

我们有个词叫作"大饱眼福"，这足以说明人类是"视觉动物"。当我们面对食物的时候，也总是讲究一个"色香味俱全"，要先观赏食物的颜色啊、摆盘啊之后才能动筷子。相反，当我们看到品相欠佳的食物时，往往食欲也会受到影响。

"我可没给你下毒哦！"

看起来像是在怀疑，但别忘了确认食物有没有问题可是动物的本能啊。

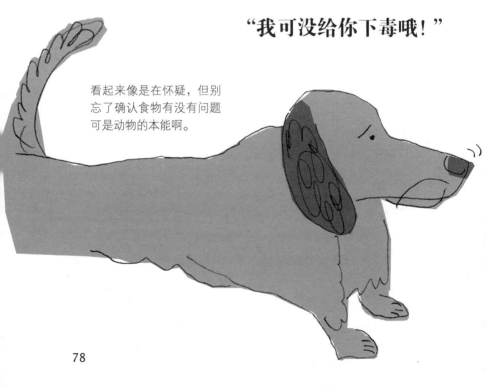

而对于狗狗这种"嗅觉动物"来说，它们吃饭要从闻一闻开始。我们可以认为，狗狗闻食物的过程，就等同于我们用眼睛观察食物是否能吃的过程。但是仔细想想，如果我们看到了陌生的食物，没办法一目了然判断能不能吃的时候，也会用鼻子闻闻味道吧。

虽然您可能认为"不需要闻味道啊，眼睛看看不就清楚了"，但要知道狗狗眼睛的焦点跟我们不一样啊。它们的聚焦肌肉不够发达，几乎都是近视眼。即使放在近处，小于 70cm 的东西也都是模模糊糊一片的。好在狗狗比人类的视野更宽阔，夜视能力和观察动态事物的能力要比我们优秀很多。

新餐盘呀~

"不要那么着急嘛，我又不会跟你抢！"

"能吃的时候就吃"，
这是从野生时代遗传过来的本能

　　家庭饲养的宠物犬身上，至今传承着它们的祖先——野狼的特征。野狼成群狩猎，成功了才有食物可吃，所以并不能保证每天都有饭吃。一旦开始吃饭，野狼必须一口气大快朵颐。在下次能吃到东西之前，野狼需要把食物储存在"胃"里。狗狗虽然没办法把食物存在"胃"里，但是它们仍然保留着"能吃的时候就吃"

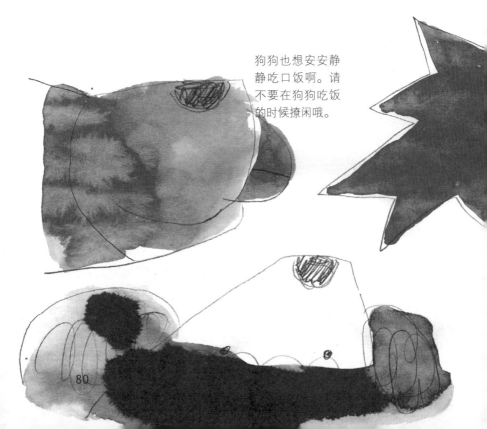

狗狗也想安安静静吃口饭啊。请不要在狗狗吃饭的时候撩闲哦。

的习性。从人类的视角去观察，应该特别想劝狗狗"好好品尝一下味道"吧。但对于狗狗来说，"不管是啥先吃下去再说"的念头总是高于一切的。

在狗狗吃饭的时候，如果我们靠近它身边，或者伸手去抚摸，它还是会竖起背毛"呜呜"地低声咆哮。这种行为也来自群居生活养成的习性，目的是要警告其他同伴不要抢自己的食物。虽然这只是一种自然本能，但对于家庭饲养的宠物犬来说却绝对不是令人称赞的好习惯。请主人在狗狗还小的时候，就要一边陪在它身边吃饭，一边温柔地告诉它："一定不会抢你的饭吃哦！""放心吧！"这样，狗狗才能习惯吃饭时有主人在身边。但是如果狗狗已经有了护食的习惯，主人可不要勉强接近哦。

"突然开始转圈圈会吓人一跳呀!"

心情亢奋的时候,要尽量让它平静下来

　　有时候狗狗"酒足饭饱"以后,会开始飞速转圈圈。这种行动常见于年轻的狗狗。这大概是狗狗吃得开心、心情亢奋的一种表现。不仅是饭后,有时候饭前或散步前、主人回家以后,狗狗都会表现出来这种兴奋到难以自制的行为。例如,有的狗狗一看到火车开过来就会兴奋地飞速转圈圈呢。

　　但是,考虑到狗狗的身体健康,还是不要让它们在餐后如此兴奋吧。

例如餐后不要马上出门散步等，都是主人可以酌情考虑的对策。特别对大型犬来说，如果餐后立即运动，会因为胃部扩张导致胃痉挛。狗狗和人类的身体结构有类似的地方，所以不应该在狗狗餐后马上让它出门散步或运动。

狗狗的转圈圈行为，除了表示喜悦以外，也可能代表不满情绪或者积蓄已久的压力。狗狗确实也会在感受到压力的时候开始转圈圈呢。

我们都知道狗狗会追着自己的尾巴转圈圈，这个行为有 3 个可能性。首先，有可能是消遣解闷。其次，有可能是对周围环境产生了不满，用无聊的运动来消除压力。最后，也有可能是尾巴根、后背、肛门周边有不舒服的感觉，主人要留心确认哦。

年纪大的狗狗如果歪着脖子转圈圈，有可能是三半规管炎或老年痴呆的征兆。

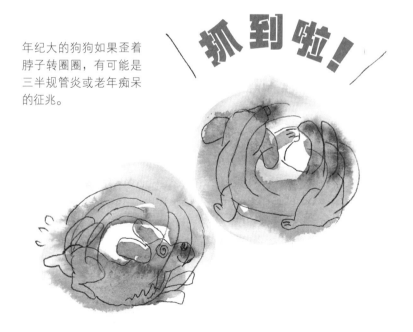

抓到啦！

"那么，今天就到此为止吧！"

可是今天跑了好远的路，想要多吃一点呢

　　一餐结束，刚想收拾残局，狗狗却开始大喊大叫了。"不是已经吃完了吗？"虽然百思不得其解，但可能这真的意味着狗狗"还想再吃一点"呢。而且当餐盘都被舔得光溜溜了，狗狗还是不舍地离开的时候，可能也揣着同样的小心思。

　　大多数的主人，都会喂狗狗狗粮。按照狗狗的种类和年龄来分类，我们可以找到很多种狗粮。但通常我们只会按照包装袋上的说明来决定喂食的分量。

84

主人有责任管理
好狗狗的体重。
要根据每天的运
动量，来调整喂
食的多少哟！

　　但如果狗狗已经偏胖或者偏瘦了，就应该及时对食量做出调整。例如 1 岁左右的狗狗外出时，如果运动量比平时要大，那么就可以稍加一点狗粮。相反，如果连续雨天都没怎么出门的话，就可以减少狗粮来控制热量的摄取。这些，可都是主人的责任呢。也就是说，不能完全照搬照抄包装袋上的食量，而应该根据每天不同的运动量来衡量狗狗的餐饮分量。我们的最终目标，是让狗狗的体重始终维持在标准范围内。但是，对于成长期的幼犬来说，参考包装袋的说明应该没问题。

小狗居然也挑食？

从前有一户人家，在自家院子里种了小番茄。当小番茄开始变红，差不多可以收获的时候，主人惊讶地发现红番茄都没有了，只有绿油油的生番茄还留在原地……还没等主人想清楚"究竟谁是嫌疑人"的时候，竟然在狗狗的便便里发现了小番茄……之后，主人仔细观察狗狗在院子里玩耍的样子，亲眼看到狗狗径直走到熟透了的番茄前面，开始吧唧吧唧吃番茄。

狗狗不是肉食动物吗？其实也不尽然。狗狗不是只喜欢吃肉，它们也喜欢吃蔬菜，这一点比较接近杂食动物。基本上主人能吃的食物，狗狗都能吃。

案例-1
野蛮的饮水方式

　　有些狗狗只要喝水就能洒得满地都是。此处不得不提到拉布拉多，它们好像恨不得要钻进水盆里来个冲浪一样。

案例-2
每天晚上来一杯

　　有一天晚上喝小酒的时候，顺手把烤鸡肉串甩给狗狗吃了。从此以后，每天晚上喝小酒的时候，狗狗都会坐在主人身边陪伴，不离不弃。

蛋黄酱犬

　　把盛过蛋黄酱的容器递给狗狗，没想到狗狗把盘底剩下的蛋黄酱舔得一干二净。小心吃多了会发胖哦。

散步啦

"对啊，到散步时间了。"

有的狗狗会主动来提醒主人"差不多该去散步了哈"。可别让狗狗拥有太多主导权哦。

散步是狗狗生活中最大的追求，
它们的生物钟很准确哦

对于狗狗来说，散步绝对是狗生乐事之一。据说狗狗对散步誓死不渝的钟爱，来自于野生时期狩猎的习性。所以请主人尽量每天都抽出时间来陪伴狗狗散步吧。每当主人"嘿咻"一声站起身准备去散步时，爱犬都会毫不犹豫地摇着尾巴跑到玄关处等待，或者干脆把狗绳叼在嘴里等主人来牵。如果主人迷迷糊糊忘了散步的事情，狗狗很可能会把前爪搭在主人膝盖上，那样子好像在说："走啊，你该不会忘了散步的事儿吧？"想必这也是让主人忍俊不禁的瞬间吧。

其实狗狗对每天的时间安排，会有一个大致的生物钟概念。当狗狗已经通过察言观色了解了主人去散步之前的行为，时间一到就会明白到"散步"时间了，所以才会去玄关等待。但是如果散步的时间总是非常精准，只要稍有偏差就可能会让狗狗感受到压力和焦虑。所以，请不要让狗狗支配散步的时间，还是随心所欲一点吧。如果家人轮番带着狗狗出门散步，狗狗就没办法预先领会到主人的意图，也是缓解主人压力的一种办法。对于主人来说，难免在阴天下雨的时候、忙乱不堪的时候、身体欠佳的时候不能及时带狗狗出门散步。所以可以提前在阳台上或院子里规定出方便狗狗排泄的地方，让狗狗即使不出门散步也能解决内急。总之就是一句话，不要让散步成了彼此的束缚。

要把自己的味道尽量留在更高的地方——竭尽全力

散步途中，嘘嘘之前，狗狗要把电线杆、路灯杆、树木上沾染的气味仔仔细细闻个遍，然后再小小地浇上一泡尿，这个行为叫作"占地盘"，可不是我们通常理解的小便的意思。占地盘，是狗狗为了声明自己的地位、宣布自己的领土而留下自己味道的行为。

通常，小公狗会翘起一只小腿把尿浇在路边。这是因为小公狗要尽量把自己的味道留在更高的地方。有时候，也难免遇到小狗一口气把两只后腿都举了起来，倒立着嘘嘘。相较而言，小型犬、中型犬当中比较常见这种行为。

这是为了确保留存"味道"的概率更大，不会输给大型犬而

把尿液浇在更高的地方，除了可以宣告自己的领土，也能跟其他狗狗交换信息。

做出的努力。这么看来，还真是一副不服输的姿态呢。虽然很少见，但有些狗狗甚至不惜代价以这个姿势小便，或许天生就是这么好强的性格吧。

现在，狗狗并不会为生活领土而犯愁，所以它浇小便的行为未见得能起到多大的"占地盘"的效果。或多或少，是通过这种行为在告诉其他狗狗"嘿嘿，是我先到这里的哦"，充其量是一种信息交流吧。据说通过狗狗占地盘时候留下的尿液，能判断出犬种和性别呢。

"占地盘"的行为，不仅局限于雄性狗狗，发情期的雌性狗狗也会用这样的方式给雄性狗狗留下信息。

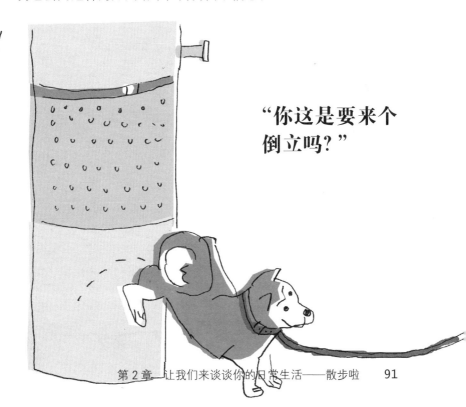

"你这是要来个倒立吗？"

身为大家闺秀，不仅占地盘，还会发情哟

我们说到雄性狗狗，会翘起小腿在不同地点和不同物品上面留下自己的"味道"，以此宣告自己的领土。而雌性狗狗，通常小便的姿势会斯文很多。

但其实，偶尔也会有雌性狗狗翘起小腿嘘嘘哦。我们可以把这样的姑娘看成有点男孩子气的"女汉子"。另外，也会有蹲着嘘嘘占地盘的姑娘，姑且算是"气场较弱"的男孩子吧。据说在去势手术之后，狗狗体内的雄性荷尔蒙减少，占地盘的行为会大大减少。

"我家的狗狗是要发情了吗？"

小母狗里也有会翘腿嘘嘘的情况。从嘘嘘的姿势里，多少能看出一点爱犬的性格呢。

而且有些雄性狗狗在小奶狗的阶段，也是蹲着嘘嘘的。由此可见，占地盘的行为跟雄性荷尔蒙的分泌有着密切关系。

而雌性狗狗翘起小腿嘘嘘的行为，并非执着于"占地盘"，而是在传播发情期的信号。这种时候留下的信息，就不是"姐是女汉子"，而是"我可是如假包换的女生"啦。如此说来，主人一定因为"它还是个孩子……怎么会这样……"的想法而目瞪口呆吧。还有些狗狗，单纯因为不想让尿液沾到自己身体上，所以翘起小腿嘘嘘呢。所以那些只翘起一点腿嘘嘘的狗狗，可能都是些"爱干净"的狗狗。从嘘嘘这点小事上，能看出狗狗的性格，你说是不是有点意思？

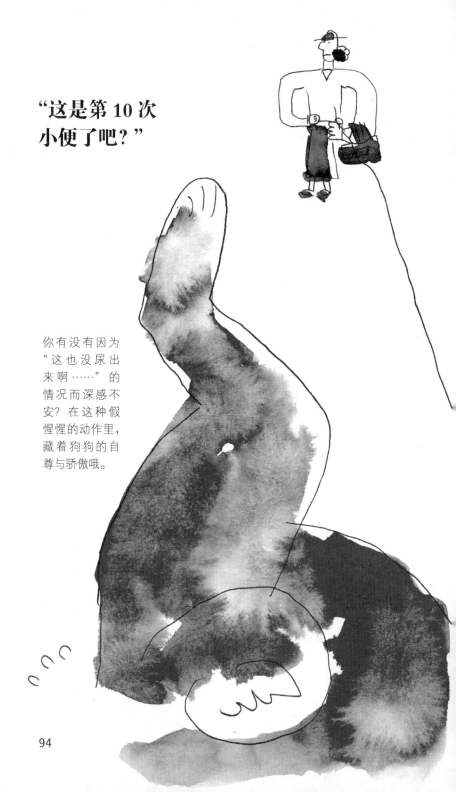

"这是第 10 次
小便了吧?"

你有没有因为
"这也没尿出
来啊……"的
情况而深感不
安?在这种假
惺惺的动作里,
藏着狗狗的自
尊与骄傲哦。

把最后一滴都挤出来……
才是狗狗的骄傲

狗狗本性爱干净，所以尽量让它们在散步的过程中解决好大大小小的排泄问题。习惯了与人类共生的狗狗里，不少都会在散步之前憋着便便和嘘嘘。散步途中，主人可能会因为狗狗一次又一次地嘘嘘而目瞪口呆。因为狗狗可以每次只尿一点点，所以才能实现"占地盘"的需求。而且狗狗的嘘嘘，就好像人类的"会话"一样，是社交的一部分。当您看到狗狗频繁嘘嘘的场景，认识到这是你家的爱人在进行"社交活动"，是不是就没那么焦虑了？

尽管你亲眼看到狗狗已经尿了 N 次，以为"肯定尿不出来了吧"，没想到爱犬又是尾巴一翘开始嘘嘘了……相反，有时候你明明看到狗狗翘起了小尾巴，仔细一看发现竟然是"假尿"……面对狗狗过于逼真的演技，主人尴尬得只能把"你这是尿不出来了吧"的疑问咽进肚子里。

这种行为，并不是因为狗狗在翘起小腿以后才发现膀胱已经空了，而是"占地盘"的欲望主导了狗狗的行为，通过这种夸张的演技来告诉其他狗狗"这是我的地盘"。看起来虽然有点滑稽，但只有毫不吝惜地把最后一滴尿液留在自己的地盘上，才能让雄性狗狗获得充分的自信心。想象一下狗狗之间，会因为"你尿不出来了吧"这种事情相互竞争，真让人大跌眼镜呢。

"你最不设防的瞬间是什么时候?"

　　对于这个问题,狗狗和人类的回答是一样的,当然是"拉臭臭的时候啦"。狗狗会在拉臭臭之前左闻闻右嗅嗅,转来转去大费周折。这是因为狗狗需要在拉臭臭之前确认周边的环境"安全而且安心"。对于我们人类来说,去外地旅行或造访别人家里,多少也会有点小紧张吧,因此而导致便秘的人也大有人在。说到大便,还真是一个令人紧张的问题。

　　对于狗狗来说更是如此,它们需要把便便地点选择在格外安全的地方。

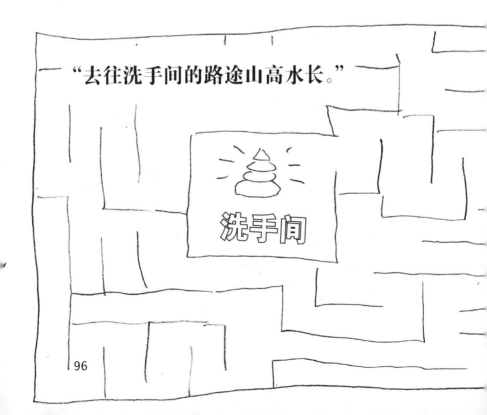

"去往洗手间的路途山高水长。"

洗手间

因为大便的时候，狗狗不得不把作为机要重地的小屁屁完全露出来。要是这时候被敌人袭击了，那后果可不堪设想……为了消除这种不安，狗狗才会转来转去、闻来闻去地确认安全。

　　另外，大便也跟小便一样有"占地盘"的功能。在狗狗找到属于自己的"领地"之前，势必要仔细闻闻清楚。这种行为多见于低龄犬。据说狗狗在上了年纪以后，根本不会左顾右盼，在找到感觉的时候马上就会开始便便。莫非狗狗也跟人类一样，年龄大了就会肆无忌惮？我听说过有的高龄犬，在踏出家门的一瞬间就会便便哦。

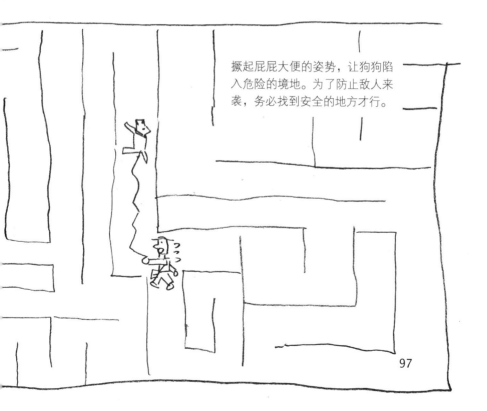

撅起屁屁大便的姿势，让狗狗陷入危险的境地。为了防止敌人来袭，务必找到安全的地方才行。

"在去洗手间的路上神色不安。"

这是因为发生了比便便更加重要的事情

排便还没结束就开始往前走，这可是极少才会发生的事情。与人类一样，狗狗也会觉得这样的状态让自己心生不快。莫非是因为狗狗忽然想起来什么紧急情况要处理了吗？其实这种行为，无外乎就是狗狗心理变化的一种体现。可能是贪玩的狗狗看到前两天刚认识的那只汪过来了，想赶紧过去一起玩；或者胆小的汪看到前边过来一只很彪悍的汪，不得已产生了溜了溜了这种心态。无论怎样，请主人尽早养成狗狗不能在室内排尿、排便的习惯，让狗狗安安心心地到室外解决排泄问题吧。

散步的时候，务必携带装便便的垃圾袋和水瓶。狗狗小便以后，应该用自来水清洗路面。而且还应该教育狗狗不要在别人家门前大小便。

例如，可以禁止狗狗在散步途中随意大小便。主人提前选择好安全、安心，并且不会给别人造成困扰的地点，用固定的语言告知狗狗"可以开始排便了"。当狗狗接受这种教育手法，而且能听从主人命令的时候，应该给予适当表扬。但即使狗狗并没有按照主人的命令排便，主人也不应该大声叱责狗狗，还是耐心点慢慢教吧。

您可能会认为"难得出门散步，就让狗狗自由地便便一下吧"，但考虑到现在居民区的密集程度，还是尽量不要给别人造成困扰吧。与其让狗狗胆战心惊地排泄，不如提前确定好固定的排便地点。您说呢？

不是哒！屁屁这里有点痒，帮我看看好吗

狗狗有时候会在草地上或地毯上蹭着屁屁往前走，一副仔细擦屁屁的模样，憨态可掬。

但其实，这多数是因为肛门腺（肛门左右产生分泌液的器官）上结的分泌物硬块让皮肤发痒，狗狗才会在地上蹭。初次见面的狗狗都会凑到对方的屁屁那里仔细闻味道，这是因为它们能从肛门腺的分泌物中判断出对方的信息。但如果肛门腺分泌物长期结块，有可能会引发炎症。

有些大型犬能在排便的时候，把肛门腺的排泄物一起排掉。

"需要给你擦擦小屁屁吗？"

但是小型犬或中型犬恐怕没有足够的力气把肛门腺分泌物一起排出去，这就需要主人时不时地帮助它们挤出肛门腺。提起狗狗的小尾巴，找到肛门左右咕噜噜的肛门腺，然后用拇指和食指配合着用力挤出肛门腺就行了。如果实在不清楚应该如何处理，可以到宠物医院寻求专业人士的帮助。肛门腺分泌物非常臭，用力挤的时候会飞溅出来，别忘了在挤之前盖一张纸巾，或者干脆就在每次洗澡之前处理也行。

　　无论是在地面上蹭屁屁，还是频繁舔屁屁，都是感觉到痒痒的信号。这时候，主人应该及时确认哦。

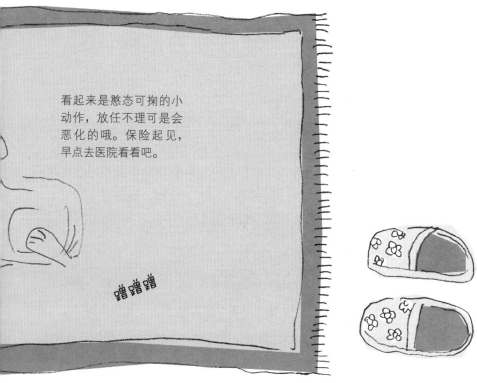

看起来是憨态可掬的小动作，放任不理可是会恶化的哦。保险起见，早点去医院看看吧。

蹭蹭蹭

"什么时候变成素食主义者了？"

大量吃草的狗狗恐怕胃部会有不适，请多注意观察你的狗狗哦。

胃里面翻腾得难受……难不成坏肚子了

　　可能有的主人在散步的时候，注意到狗狗会漫不经心地啃两口野草。"怎么像牛一样？"您也这么想过吧。狗狗其实不是肉食动物，而是杂食动物，但绝不会拿草来当主食。可是为什么偶尔会啃两口草呢？大概有这么两种可能性。

　　第一个可能，是狗狗肠胃状态不好。在狗狗肠胃不舒服的时候，会用吃草的方法来调理肠胃，道理基本跟人吃胃药差不多。而且狗狗要用吃草来代替吃蔬菜，以此促进胃酸分泌以便消化食物。

　　狗狗时不时会把消化不了的东西吐出来，这与我们所认知的
"呕吐"不同，无须担心。除了为了调整肠胃状态吃草催吐以外，
狗狗在吃多了、吃快了的时候也会吐出来。

　　第二个可能，就是狗狗钟爱野草的口感，或者单纯是觉得有
点饿。但有时候狗狗根本消化不了草纤维，会直接排泄出来。

　　需要小心的是，道路两旁和公园里的野草上，可能会沾染除
草剂。如果有必要，可以喂狗狗从市场上买回来的菜叶。

"捡东西吃是恶习哟!"

狗狗的吃相跟主人的教导无关。如果发现狗狗捡东西吃,先保持冷静,再清晰地给出"吐出来"的指示。

104

永远无法饱和的贪吃欲望，是从野生时代遗传下来的悲哀本能

散步中的狗狗啊，这里哼哧哼哧闻一闻，那里哼哧哼哧闻一闻，有时候还要再回到刚才的地方复习性地闻一闻……碰巧遇到路边掉了什么东西，一定要搞清楚"那是啥"，埋头苦闻不肯前行。如果只是闻闻还好，但凡主人稍不留神，狗狗就有可能一口给吃进嘴里。主人一定会慌慌张张掰开嘴巴，让它把东西吐出来，但难免为时已晚。狗狗面对主人这种惊慌失措的举动时，往往能保持冷静地含住嘴巴里的东西，然后稳稳当当地咽下去……

于是主人开始自省，"狗粮喂少了""好像我没好好喂食似的，真不好意思"。别慌，这是因为狗狗身体里还流淌着野狼时期的习性，所以才会本能地把眼前的东西吞下去。在残酷的自然界，动物根本不知道什么时候才能吃到下一顿饭。所以只要看到貌似能吃的东西，不管是冰棍还是烟头，都会吞进肚子里。而且，根据动物的本能，只要吃进嘴里的东西就很难再吐出来，所以散步路上要远离路边的垃圾。

当狗狗捡食了路边的垃圾，主人大惊小怪地让狗狗吐出来的话，狗狗会以为这是主人在跟自己玩耍，从而奋起抵抗。比较建议的做法是，从日常就开始命令狗狗做出"吐出来"的动作。举例来说，可以用小零食做奖励。如果狗狗按照主人的要求做出"吐出"的动作，就把小零食奖励给狗狗好啦。

如果散步时狗狗忽然停下来，请先观察一下停下来的原因。如果只是因为任性不想走，就要加强家庭教育了。

"忽然一动不动，难道是要变成摆件吗？"

我就是想按照自己的节奏散步好吗

　　散步的时候，狗狗忽然停下一动不动。这种时候，可能是狗狗累了要停下休息，也可能有其他原因。

　　一个原因，可能是因为嗅觉发达的狗狗发现正准备过去的地方传来了可疑的"味道"，所以要停下来仔细辨别一下。

　　另外一个原因，可能是狗狗并不喜欢主人的散步路线。例如说，"本狗狗小时候在那条路上被大狗凶过""那条路上正在施工

106

声音太恐怖"等充满戏剧性的理由。这时候，主人可以弯腰靠近狗狗，让狗狗放松下来以后再继续前行。只要狗狗重新上路，就应该给予小小的表扬。如果无论如何狗狗都拒绝前进，就应该考虑另外一条路线了。

最后一个原因，就是狗狗的个人意识强烈，想要"按照自己的意愿散步"，所以才会拒绝主人的引领。如果主人在这种情况下强行拖拉狗狗前进，那一定会激发起狗狗更强烈的叛逆心理。这时候，主人也可以停下脚步，静静等待狗狗自己迈出脚步。因为狗狗一定会感觉到"主人跟平时不太一样"，然后开始关注主人的态度。

抱抱虽然也是一种交流，但如果养成了习惯，狗狗就会变成任性的小孩。请适可而止哦。

"公主殿下，您是累了吗？"

基本上，狗狗都是撒娇的小孩，总是想要抱抱

　　你家的爱犬，是不是那种散步时围在主人脚边求抱抱，只要主人坐下来就跳到主人膝盖上求抱抱的类型啊？

　　这种现象常见于小型犬当中，很有可能是不知不觉间就养成了"超级爱抱抱"的习惯。散步时不想走了就要抱抱、被大狗狗凶了要抱抱、遇到了陌生人要抱抱……小型犬体重较轻，稍有风吹草动就被抱起来的机会太多啦。虽然看起来狗狗被抱起来以后平静了不少，但这仅仅是治标不治本的行为，主人还是应该尽量回避。

　　如果这种状态一直持续，狗狗就会认为主人应该随时随地满足自己的需求，进而助长任性的品性。如果狗狗在主人怀里时也会对其他人吠叫，甚至于咬人的话，就是需要特别注意的信号了。因为这种时候，没准狗狗会以为自己就是"公主殿下/王子阁下"，甚至于可能并不理解自己其实是一只狗狗的现实。所以在与大型犬擦肩而过的时候，还是应该坚持着对狗狗做出"坐下""等待"的命令，让它们尽可能地平静下来。

　　主人的抱抱，并非绝对的恶习，相反是一种重要的身体接触行为。在幼犬时期，应该多抱抱小宝贝，免得它长大以后这里也不让碰，那里也不让摸。

不是还有其他乐趣吗？

对狗狗来说，散步的喜悦不亚于人类的约会。如果只骑自行车带狗狗溜达一圈，可是有点敷衍哦。

散步是跟主人在一起的亲密时光

狗狗对散步的热爱是真爱，每天都在发自肺腑地等待主人带着自己出门去散步。只要主人稍有动作，狗狗就会满眼期待地以为"终于要出门啦"。当发现并非如此的时候，那种写满了失落的小模样也可爱极了。

散步的目的在于给狗狗适当的运动、让狗狗守卫自己的领地、给狗狗排泄的机会等，同时也是一种"莫大的愉悦"。在散步路上看到了一草一木，闻到的每一丝气味，都是平淡狗生中的小惊喜。而且与我们人类一样，适当的运动也能消除狗狗精神上的压力。

　　最近，常见有些主人骑自行车带狗狗散步，或者在自己慢跑的时候顺道带上狗狗。但是，请仔细想想看，摇摆不定的自行车对狗狗来说是一件多么恐怖的事情？只能跑步不能闻味道的运动该有多么无聊？这样的活动反而会添加狗狗的负担，不是吗？在狗狗的世界里，散步不仅仅是体能运动，也是跟主人互动的重要时光。在散步的时候与主人四目相对，能感受到主人跟自己在一起，真是无比的幸福。所以主人也尽量配合狗狗的脚步吧。

　　狗狗不耐热，夏季请在早晚凉爽的时候散步。还可以尽量养成狗狗在雨天不出门散步的习惯，这样也能缓解狗狗雨天没办法出门的郁闷心情。

臭烘烘的小屁屁，真的有那么多信息吗？忽然对动物的神秘感产生了敬畏。

"莫非这是狗狗社会的仪式？"

只要闻闻小屁屁，就能知道你是一只什么样的狗

　　陌生狗狗初次见面的时候，总会彼此哼哧哼哧好好闻一闻。特别要花些时间仔细闻闻对方的屁屁。因为狗狗肛门腺的分泌物中包含着性别、年龄、住址、强弱、性格等很多很多的信息。人类只能闻到强烈的味道，但是狗狗却能从中获得大量信息。如果与人类行为相比较，这大概能算得上是互换名片的行为吧。这种彼此之间礼貌而友好的行为，证明了"我不讨厌你"的情绪。所以这种时候应该耐心地等待狗狗们互相了解，而不是强行把狗狗拉开。

　　只要是闻过一次的味道，狗狗就不会忘记。它们在初次见面的时候，就能确定下彼此之间的上下关系和亲密程度。在下次见面的时候，就可以算是"熟人"了。

　　从狗狗互相闻味道的行为中，能多少读取一些狗狗的性格特征。堂堂正正地去闻对方味道的狗狗，通常自信满满。而垂下尾巴盖住屁屁的狗狗，通常是那种内向不自信的孩子。如果你看到两只狗狗转着圈圈，都想去闻对方的味道时，就应该了解它们"想了解更多对方的信息，但是又不想过多暴露自己"的小心思。这时候，它们还都处于相互试探的阶段呢。

即使狗狗没朋友，也不需要过分担心。只要主人给予了充足的爱与关怀，就很幸福啦。

只有人类，才会觉得没朋友很可怜

按照人类的感觉来衡量，会认为狗狗没有朋友就会感到孤单寂寞。但其实狗狗当中既有热衷于跟小伙伴一起玩耍的类型，也有戒备心强烈、一旦陌生汪靠近就低声咆哮的类型。

通常，如果孩童时期能跟自己的兄弟姐妹们一起长大，那么成年之后的狗狗就比较擅长社交活动，也能跟身边的小伙伴打成一片。但对于那些从小独自长大的狗狗来说，它们并不知道如何面对接近自己的陌生汪，所以在紧张和恐怖的心理驱动下就会汪汪叫了。狗狗这种大叫的行为，跟人类惊慌失措时目瞪口呆的状

态差不多。

　　虽然在我们眼中，狗狗一起玩耍的画面温馨而美好，但也没必要勉强自己狗狗去跟其他小伙伴相处。说到底狗狗都应该是戒心较重的小东西，如果不是青梅竹马一起长大的小伙伴或者家人，很难会完全消除心理隔阂。有的狗狗喜好与其他小伙伴一起玩耍，也有的狗狗就是喜欢独处，而且有时候也真的会有"跟它处不到一起去"这种问题呢。

　　所谓"没有朋友的孤单寂寞冷"，无非是主人的杞人忧天而已。

"原来你明白不能光脚进去啊！"

真心不喜欢擦脚，但既然主人有要求……

有些在室内生活的狗狗，散步回家进门之前会主动抬起小爪子要求擦脚。这种狗狗其实很少见，大概是因为从小就习惯了散步之后要擦脚的生活习惯吧。主人擦脚的时候，不仅能擦掉小爪子上的灰尘，也能顺便检查肉球里有没有夹住小石头啊什么的，可以算是一种良好的体检习惯呢。

但其实大多数的狗狗都不喜欢擦脚。因为小爪子是狗狗的敏感部位。除此之外，狗狗也不喜欢我们触摸它们的耳尖、鼻头、腿根、尾巴尖等部位。

通常都没人碰小爪子，忽然被主人用力擦拭，真是一件烦恼的事情啊！所以难免有狗狗在被迫擦脚的时候"气愤"得低声咆哮。这并非质疑主人的领导者地位，而单纯是由于对擦脚的恐惧。但是如果主人因为狗狗假装要咬人的动作停止擦脚，而狗狗又理解了这种动作的关联性，那说不定什么时候它真的会张嘴咬人呢。所以我们应该在擦脚时尽量不要让狗狗感觉到不舒服，等狗狗习惯了擦脚行为以后再给予大大的表扬。如果直接把脚泡进水盆里洗脚，就一定要把水擦干净，否则会引发皮肤疾病。这一点请主人多加注意。

自己懂得要擦脚的狗狗就是很懂事的孩子。大多数的狗狗即便满身的泥巴也浑然不觉吧。

这是人家踏雪寻梅的花纹好吧！

关于散步的二三小事

　　说到带狗狗散步的烦恼，还真是数不胜数。其中最为致命的，当属人狗之间的拔河比赛了。有些狗狗可能在散步途中受到过惊吓，由此开始讨厌散步……这种现象常见于小型犬，而且往往它的主人也不喜欢散步。狗狗开始逐渐迷恋被抱在怀里、坐在车上出门，到最后甚至不习惯走在路面上的感觉。也有些狗狗生性胆小，因为害怕其他狗狗而不敢出门。如果是这样的问题，完全可以选择人少的时间段带狗狗出门，让它了解家外面有多么可爱的世界。

　　去宠物医院之前，有些狗狗会注意到"哎哟！这可不是去散步！"的现实。不用说，这是从不同寻常的路线，或是主人紧张的神态中判断出来的。

噗噗放臭屁的犯人是谁

正悠闲地散着步，忽然听到"噗"的一声屁响……对啦，狗狗也会放屁的。精神放松的时候，肠胃蠕动的时候，不由自主地就会放屁吧。有的狗狗会被自己的屁声吓一跳呢。

案例-2

对熟人的视而不见

这大概是因为"虽然认识，但不喜欢"的缘故吧。狗狗生性率真，如果没好感就真的会不理不睬。

案例-3

拥有性感翘臀的梦露犬

扭着小翘臀的玛丽莲·梦露式散步法，常见于柯基这种短腿犬。散步的时候，在后面盯着那一副左右摇摆的背影，真是让人温柔得心都化了。

几乎整天都在睡大觉的
狗狗，有些时候是无论
如何都要挺住不睡的。

睡觉啦

"困了就睡呗……"

狗狗也有想熬夜的时候啊

坐着坐着眼睛就闭上了，终于一不小心身体就前倾了过来。明明困得睁不开眼睛，却强忍着不睡的样子，特别像小孩子逞强的模样，真让人无可奈何。就像人类一样，狗狗也有困了却不想睡的时候。

例如，明明是"在期待着晚饭"，或者"家里来了陌生人，需要警惕"的时候，一不小心却被睡魔偷袭……还有，"家里人正谈笑风生，我可不能去睡觉"的情况也比比皆是。无外乎就是想加入到其乐融融的家庭生活中呗。

其实，狗狗有很多的睡眠时间。早晨虽然跟主人一起醒来，白天少不了再来几段回笼觉。我们可能会觉得"一直睡觉难道不会很无聊"，但这可真是没必要的担心。就算狗狗已经成年了，每天的睡眠时间也会达到半天，甚至半天以上。而对于小奶狗来说，每天的睡眠时间可达到 18~20 小时。这种几乎全天都在睡觉的生活习性，能在很大程度上缓解狗狗的心理压力。在长长的睡眠时间当中，80% 左右都是浅睡眠，稍有风吹草动就能让它醒过来。这也是从野生时代遗传下来的特征。

"是在找东西吗？"

"在这里挖挖看，汪！"然后立即全神贯注地投入到刨土坑当中……对狗狗来说，土坑是那种能够修身养性的地方。与此类似，用毛巾也能做出让狗狗大为满足的私密空间。

遗传自野狼时期的习性，
为自己整理安眠的卧榻

你有没有给爱犬的窝里铺过毛毯？如果有的话，你有没有看到过爱犬临睡前像刨坑一样把毛毯捣得乱七八糟？面对自己精心打造的小狗窝，主人不免小失望吧。但这种貌似淘气的行为，不过是遗传自野狼时期的天性。生活在大自然中的野狼，为了不把自己的居所暴露给敌人，需要时不时地改变居所。所以每晚睡觉之前不得不刨个坑出来，整理好卧榻，并确认好安全。

而爱犬可能也像我们一样，要在睡前把毛毯归拢成让自己感到舒服的状态。有的时候要把毛毯团成团抱在怀里，有时候要把毛毯打乱包围在自己身边……狗狗的喜好实时变化，但整理毛毯这事儿却是雷打不动的睡前仪式。

当你把脏毛毯拿去洗，换了条新毛毯给狗狗时，它会不会拼命地在毯子上蹭来蹭去？您可能会觉得"白换了，又蹭了一毛毯的味儿"，可这也是狗狗的本能啊。"这是我的毛毯，神圣的领土不可侵犯"，狗狗蹭在毛毯上的味道是它的领土宣言呢。

无论如何，狗狗还是喜欢睡在蓬松柔软的毛毯上的，所以就别纠结它用毛毯的方式了吧。

哎？我做了什么？昨晚倒是做了个好梦来的

　　狗狗在梦里四足翻腾，仿佛用尽全身力气在沙发上一顿划拉，不由让人莫名其妙。"是做梦了吗？"仔细观察一下，发现狗狗满脸都是幸福的神色。据说有的狗狗，经常会在睡梦中吧嗒吧嗒努力奔跑呢。

"梦到什么了啊？
动作很剧烈的样子……"

我们没办法直接问狗狗，所以真相不得而知。但据说通常狗狗睡觉的时候都会做梦。人类的浅睡眠和深度睡眠的循环间隔约为 90 分钟，狗狗的循环间隔要更短一些。

我们可以认为，狗狗处于浅睡眠的时候，也会跟人类一样做梦。如果狗狗睡觉时吧嗒嘴，可能正在梦里大快朵颐吧。

狗狗也会打呼噜，有时候鼾声大作，不禁想问问它："难道你是个小伙子吗？"但是狗狗不会患有"睡眠无呼吸症"，只要主人听到呼哧呼哧的喘气声，就大可放心了。

与此类似，狗狗还会"说梦话"呢。睡觉时候如果发出了吭叽吭叽的声音，八成就是它在梦里高谈阔论的表现。真是让人忍不住地想要去抱抱它呢。

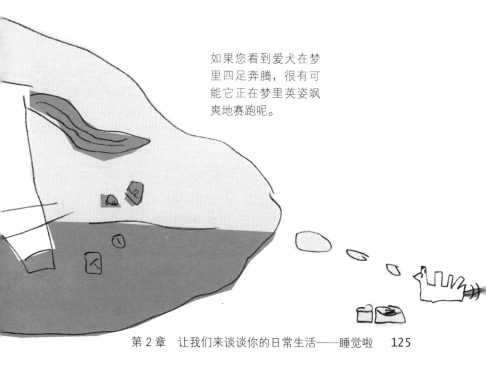

如果您看到爱犬在梦里四足奔腾，很有可能它正在梦里英姿飒爽地赛跑呢。

狗狗睡相七变化

　　说到人的睡相,有仰卧、侧卧、俯卧等各种流派。与此相同,狗狗也会睡成自己最舒服的"形状"。白天睡觉的时候,完全露出小肚子睡觉的狗狗比较多吧。它能放心大胆地把最薄弱的部位暴露在外面,说明对周围的环境完全放心。小型犬或者小奶狗的身体圆润,四肢短小,所以仰卧是最能保持身体安定的姿势。然而体格较大的狗狗如果也这样睡觉,总是会让人觉得有点没礼貌……敏感类型、略有神经质的狗狗,通常都不会仰卧睡觉。但仰卧也好,侧卧也好,狗狗睡觉时一定会选择自己最舒服而安心的体态,所以我们就不要太计较了。这一点其实也跟人类一样,有的孩子睡相好,有的孩子嘛……

就好像人类躺成"大"字形 ——"匕"字睡法

肆无忌惮地侧躺着，四条小腿都直直伸开的睡姿。这就好像人类摆出"大"字形姿势，相当放松呢。

抱着小鼻子的婴儿睡姿

在寒冷的冬季，有些狗狗会蜷成团，捂着自己的鼻子睡觉。这时候，通常尾巴也卷起来保护着小屁屁。

跟人类仰卧的时候一模一样

手脚关节还很柔软的小奶狗或小型犬，能够平躺着伸直了手脚睡觉。

高龄犬的生活

"您都是老阿姨了啊……"

不知不觉间，成了比你更年长的狗狗，听力似乎也下降了

　　狗狗的成长节奏比人类快，所以也比人类衰老得快。一般来说，狗狗 1 岁时相当于人类的 17 岁；2 岁时相当于人类的 24 岁；之后可以按照每年 4 岁的节奏换算。15 岁的狗狗，毫无疑问就是老爷爷老奶奶了。相比之下，大型犬的衰老速度比小型犬更快一些，所以寿命更短。

狗狗属于幼体成熟的动物，始终像个可爱的小朋友，所以主人有时候会忘掉它的年龄。然后有一天，当你进了家门发现狗狗并没有马上意识到你回来了。直到你站在门口呼唤它，它才懵懵懂懂地站起身。但是，眼睛并没有聚焦在你的方向……

这就是明显的衰老体现。被叫到名字时，它没办法判断正确的声源，也可能对呼唤的声音反应缓慢。就连以往最恐惧的雷声响起，狗狗也能表现得充耳不闻一样。

这时候开始，狗狗撞到家具的概率会大大增加。狗狗原本就视力欠佳，全部依赖听力和嗅觉行动。何况年老以后眼屎增加，使眼睛干燥甚至发生炎症。如果狗狗的眼睛患上白内障、青光眼等疾病，那么就会有失明的风险。

如果你觉得最近爱犬的行为异常，请立即去医院进行检查吧。让我们及时做出正确的判断和处置。

守护爱犬的身心健康是主人最重要的使命。有些狗狗年纪越大越黏人，主人需要增加陪伴它的时间。

我也知道你不太想去散步，可是为了保持身体健康，一起出去遛遛吧

　　曾经永远兴致盎然、永远充满好奇的狗狗，年纪大了以后好像对万事万物都失去了兴趣。这是因为它们的听觉、视觉、嗅觉等感官能力有所衰退，没办法对事物做出快速的反应。所以对以前最喜欢的晚饭、最钟爱的散步也慢慢没那么在意了。如果你仔细观察，可能还会发现狗狗的心跳没那么有力了；好像关节不舒服似的，上台阶的时候总是犹豫再三；而且已经好长一段时间，狗狗没有飞跃到沙发上了……

　　就像老年人一样，老年犬也不太喜欢散步。可是终归要保持

"谁叫这就是日常功课呢！"

散步的时候，放慢步伐配合老年犬的步调吧。与老年犬一起度过慢悠悠的时光，可以算得上是难得的福分吧。

运动能力、维持正常的体力啊，所以适度散步是绝对必要的。

主人可以尝试缩短散步距离，绕开坡道或台阶多的路段，放慢步伐配合老年犬的节奏。爱犬老了以后，会不耐寒，在冬天可以选择在午后温暖的时分出门。

以前并不会随意乱叫，最近好像毫无缘由就叫两声。这是因为身体老化造成对周围环境认知的缺陷，内心的不安和孤单被放大了。如果是在室外饲养的狗狗，可以试着将它搬到室内来生活。

有些狗狗还会患老年痴呆症，从此过上没白天没黑夜的生活。这种时候，应该在白天带狗狗出门散步，尽量延长它白天清醒的时间。增加身体接触，消除老年犬内心的不安，是非常重要的日常功课。

"很高兴遇见你！"

与爱犬在一起的那份回忆，是人生中最宝贵的珍藏。跟狗友们聊聊这些点滴回忆，让眼泪和悲伤一起释放出来吧。

肆无忌惮地流泪吧
生而为狗，幸福备至

狗的一生，不过 10~15 年。当您决定养狗的时候，就要做好狗狗会先您而去的准备。从小捧在手心里呵护着长大，伴随着它跌跌撞撞一路走过壮年时期，又眼看着它步入垂垂老矣的年华。这期间，主人享有被爱的特权，也要承担照看它的责任。当狗狗开始步入老年生活，可能自己也会意识到余日无多了吧。可能在最后一段时间，它们开始不吃饭、不散步、不叫，眼看着日渐衰弱……它们的内心深处，是不是也在等待那一天的到来呢？有的主人说，他家爱犬去世之前"汪"地叫了一声。这样简短的语言，是不是传达了"谢谢""我很幸福"这样的深情呢？

亲爱的爱犬离去，那种悲伤无以言表。主人心中塞满了"多陪陪它就好了""要是没有……它就不会死了"这种自责与罪恶感，这种悲伤和苦涩，是人之常情。请正确面对这种情绪，想哭的时候就哭出来。如果否定或者压抑这种心情，反而会因为无法释放而对身心健康造成严重的影响。不妨尝试着跟家人一起回顾往日时光，跟同样是失去了宠物的朋友聊聊心情，让不愉快的心情释放出来吧。因为爱犬离世的悲伤心情，真的不是什么值得遮掩的坏事。

萌点
图鉴

想要了解更多
狗狗的魅力

萌点指数★★★★★

圆溜溜的小屁屁和被人看光光的
肛门让人心生爱意

　　毫无防备的背影，萌点爆表，可爱超群。让我们
回想一下散步时看到的狗狗背影吧。肉乎乎的小屁屁一
扭一扭的，可爱得让人恨不得咬一口。拉臭臭时弓着腰
的样子也让人忍俊不禁。特别是柴犬这种尾巴上翘的狗
狗，小肛门都让人看光啦。换成人的话肯定害羞极了，
但是放在狗狗身上就是让人觉得无比可爱。当狗狗蹲坐
在门口等家人回来的时候，好像有一缕孤单的哀愁正从
那毛茸茸的背影飘散出来，让人心生爱恋。

萌点指数★★★

犬 齿

伸出舌头、打哈欠的时候才能看到的魅力萌点

狗狗打哈欠的时候，张开嘴巴大口喘气的时候，我们就能看到它充满野性的犬齿。毫无疑问，犬齿也是狗狗的萌点之一。不经意才能瞄到的狗狗犬齿，就好像人气偶像微笑时露出的虎牙一样，让人叹为观止。

狗狗喜欢吃肉，上下颚各有 2 颗锐利的犬齿。在黑唇衬托下，雪白的犬齿魅力十足。狗狗自发地露出牙齿是有一定意义的。例如露出上齿，代表"讨厌"；露出下齿，代表"喜欢"。

萌点指数 ★★★★★★

肉球

除了触感以外，还情不自禁地想要去闻闻那个味道

　　狗狗的脚底有胖嘟嘟的小肉球。带着肉球的小爪子能在沥青路面上踩出嗒嗒嗒的脚步声，又帅气又可爱。不只是可爱，肉球可是能在小爪子着地的时候起到缓冲的作用的重要身体结构。时不时揉揉小肉球，狗狗舒服，我们也舒服。肉球上有汗腺，狗狗热的时候肉球就会变得湿漉漉。据说这是为了"雁过留名、狗过留味"，也是为了起到防滑的作用。据说有的主人超级喜爱小肉球上的味道，一闻上就根本停不下来呢。

萌点指数★★★

湿乎乎的小鼻子

潮湿有光泽的鼻尖是健康饱满的证明

正常情况下，狗狗的鼻尖应该处于潮湿有光泽的状态。对于人类来说，光泽红润的嘴唇是健康的象征，那么湿润的小鼻尖就是狗狗健康的象征。当狗狗身体状况良好时，鼻尖湿润、生机勃发，而狗狗身体欠佳时，鼻尖难免偏干燥。

湿润的鼻尖还有另外一个作用，就像湿衣服更容易沾上味道一样，湿漉漉的小鼻尖能收集到更多的味道分子。这就是狗狗吃饭前总要舔舔鼻尖的缘故——它们要好好闻闻饭菜的味道啊！

萌点指数 ★★★★★

会动的小耳朵

灵活的小耳朵，柔软性满分

几乎每只狗狗都有一对柔软的小耳朵，还能自由自在地让耳朵前后摇摆。即使正在睡觉，狗狗只要抖抖耳朵就能分辨身边到底发生了什么。当你叫狗狗名字的时候，它也会立起耳朵看着你吧。这样的动作，是狗狗为了听到更清楚的声音而做出的反应。

耳朵还能表达出狗狗的情绪。当自己干了坏事让主人大发雷霆的时候，狗狗就会低垂下耳朵仿佛在低声说"对不起"。这样的肢体语言已经充分表达了服从与不安，主人就宽宏大量地原谅它吧。

萌点指数 ★★★
被脖圈勒得胖乎乎的脸

越可爱越想拽狗绳，我真的不是故意的

狗狗戴上项圈，免不了把脖子上的皮毛都挤到脸上去，好像出现了一圈圆溜溜的双下巴。简直太可爱啦！主人越喜爱狗狗的胖脸，就越想拽狗绳；狗狗好像也心领神会一样，用力向反方向拽过去。难道不疼吗？来来来，勒过了我的脸，就是我的主子了，就这么定了哦！

狗狗当中，斗牛犬脖子周围的皮肤最厚，堆出层层叠叠的褶皱。据说这些褶皱能保护它的脖子，在受到敌人攻击的时候避免受伤。如此想来，其他狗狗的身体结构也大同小异吧。

第 **3** 章

想要告诉你的处事法则

这样的话
我们都会很辛苦

"突然扑上来
会吓人一跳哦！"

扑人是狗狗的习性，但要教会它适可而止

　　散步时如果狗狗无缘由地扑向旁边的路人，毫无疑问这是"教养的问题"。大多数的狗狗都有喜欢扑人的习性。据说这是因为它们的祖先——狼，都是通过狼妈妈嘴对嘴给小狼喂食的。小狼用舔妈妈嘴巴的方式，告诉妈妈"再给我一口"，然后这个小撒娇的习性一直遗传至今。由此可以判断，狗狗扑上来舔主人，不过是一种撒娇讨好的行为。但是因为狗狗扑人的时候用力过猛，发生过不少让人摔倒受伤的例子。所以主人应该尽量留神这样的举动。

　　首先，在家庭里就要养成不能扑主人的习惯。就算它扑过来也不要大惊小怪，要神情淡然地等待狗狗恢复平静。这么做，是

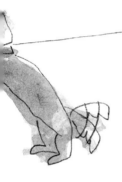

你来迎接我是好事，可是猛地扑进我的怀里，差点把我的小心脏震出体外！首先，要教会狗狗不能扑人。

要让狗狗了解到，扑到主人身上也并没有什么好事发生。

狗狗也会扑向狗狗小伙伴。这个举动的原因可能是攻击、性冲动、玩乐心理等，总之都是非常兴奋的状态。如果主人看到陌生狗狗的时候心怀警戒，担心"它不会冲过来咬我吧？"的话，那么紧张的情绪就会传染给自家狗狗。所以主人首先要保持淡定的心态，不要给狗狗任何刺激信号。一旦狗狗做好了冲出去的准备，主人也不需要勉强往回拉狗绳，只要轻轻呼唤它的名字就好。如果狗狗能听话的回来，可别忘了好好表扬一下啊。对了，别忘了平常多做一些召唤练习（P. 187）。

你拉我，我也拉你

　　散步的时候走得好好的，忽然狗狗猛地往前拽了一下狗绳，真让人吓一跳呢。这种时候，应该是狗狗比主人更早发现了前面的惊喜，用力往那个方向去呢。狗子走在主人前面这种事，倒是不能充分说明狗狗觉得自己的地位比主人更高，但毫无疑问会养成狗狗不断向前拽狗绳的习惯。主人停下脚步跟熟人聊聊天的时候，狗狗不断地向主人递眼神儿，或者干脆拽着狗绳要求"继续散步"的行为，都属于狗狗的肢体语言。

"好啦好啦，请你等一下！"

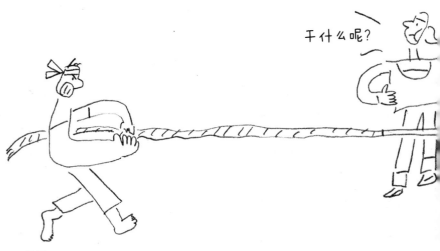

干什么呢？

当狗狗用力拽狗绳的时候，主人可以试着立定不动。因为主人不动，就不能继续散步！当狗狗学会了"用力拽狗绳只能事倍功半"的时候，就不会继续这么做了。相反，如果每次狗狗拽狗绳的目的都能得逞，就会更加助长这种行为。

有些时候狗狗往前拽狗绳、主人往后拽狗绳，然后狗狗再往前拽……这种情况只是单纯的力学作用。因为狗绳向后用力的时候，狗狗会本能地往前。所以散步的时候，除了突然有车等情况以外，还是尽量减少用力拽狗绳的行为吧。

如果狗狗强拽狗绳，主人一定要停下来。要让狗狗知道，用力拽狗绳并不能称心如意。

"那里太脏啦！"

为了保护自己，需要用重重臭气把自己包起来

　　散步的时候爱犬跑到草地上仔细闻味道，然后以迅雷不及掩耳之势躺倒草地上蹭后背……令人瞠目结舌！更让你感到惊讶的是，狗狗居然喜欢把垃圾、便便等"臭烘烘"的东西粘在自己身上，简直不可思议。

　　其实你不知道，狗狗的祖先——狼，也会用散发着臭味的其他动物的腐尸涂抹自己的前爪。这是为了可以消除自己的体臭，

人类无法理解狗狗需要用臭味包裹身体的欲望。说到底，还是野生动物的习性所致。

让其他野生动物发现不了自己的行踪，这样就能更轻松地捕捉到猎物。

如果主人在狗狗接近臭东西时大喊大叫，反而会让狗狗误以为你也同样感到兴奋。所以请不要反复大叫，尽量用冷静的声音来制止狗狗吧。

狗狗很喜欢便便等物体散发出来的臭味，但如果它用身体摩擦主人的衣物来蹭味道，则是因为想沾染上主人的气味。相反，狗狗在毛毯、布娃娃、地毯上摩擦身体的时候，是要宣布对这些东西的占有权呢。

如果狗狗一直到处蹭身体，根本停不下来，就需要考虑寄生虫的可能性了。请尽快到医院就诊。

看到自家狗狗吃屎，那种惊恐的感觉历久弥新。不慌！请在看到狗狗的脸靠近便便的时候，低声告诉它"不可以"！

"那个不能吃啦！"

我就是尝尝看，便便是不能吃的脏东西吗

第一次看到自家狗狗"吃屎"的时候，你有没有精神恍惚到怀疑人生？从人类的视角来看，"吃屎"这个行为简直脏到令人发指。但是对于狗狗来说，虽然这算不上正常行为，但却是可以理解的自然冲动。因为便便散发着一种狗狗喜欢的味道，它们并不认为那是"脏东西"。一坨屎摆在眼前，又正好是自己感兴趣的味道，不吃还能怎么样呢？

作为狗狗的祖先，狼也会心平气和地吃掉已经腐败的东西，其中当然也包含动物的粪便。

如果那碰巧是一坨食草动物的便便，对于狼来说就是至高无上的健康食品了。因为草食动物的便便中包含的酵素有助于改善狼的消化功能，此时不吃更待何时？而狗狗继承了这种习性，所以也把吃屎当作稀松平常的事情。如果主人发现狗狗吃屎的时候大呼小叫，反而会让狗狗感受到自己"备受瞩目"，从此再也不能错过"吃屎的良机"。作为主人的你，请务必保持冷静！

另外，据说狗狗体内缺失微量元素的时候就会想吃屎。所以可以尝试给狗狗补充喂食微量元素的食物，这样也许能让狗狗失去对便便的兴趣。

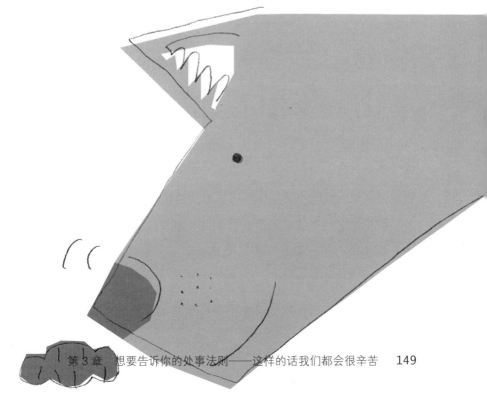

狗狗不好好吃饭，可以少喂一顿让它回到空腹状态。只有这样，才能让它乖乖吃饭。

食 谱

"这位顾客，请问今天的食谱如何？"

如果味道吸引不了我，那就别怪我不感兴趣咯

　　基本上来说，狗狗算得上是什么都吃的杂食动物，吃饭的时候仍然保持着狼吞虎咽的习性。大型犬的这种倾向更加强烈，好像根本不挑食。可是小型犬中，常见会挑食的狗狗。据说它们吃饭的时候挑三拣四不说，饿的时候还会情绪低落。

　　狗狗虽然什么都吃，但是我们几乎从来没听到过"不想吃零食"的狗狗。所以可以推断，大概是主人一看狗狗不好好吃饭，就变着样喂狗狗吃零食，长此以往狗狗就变成了挑剔的美食家。遇到这样的情况时，只要平和地收起餐盘，然后到了下一顿饭的

时候再端出同样的食物就好了。大多数的狗狗，最终会妥协开始好好吃饭。

如果狗狗拒绝在训练的时候吃奖励的小零食，那就取消训练零食吧。可能对于狗狗来说，主人欣喜的语言、温柔的抚摸，是高于一切的嘉奖呢。

最近常听说有的主人因为喂狗狗吃了太多零食，导致狗狗不好好吃狗粮而烦恼的事情。这倒真的是个大问题！如果给了零食却没有减少狗粮的分量，早晚会导致狗狗肥胖的。我们可以把牛肉棒剪成小块，这样更便于少量多次喂食。不吃训练零食的狗狗，多数是那些比较自律的聪明狗狗吧。

"你的饭
不是在这里吗?"

忍不住会眼馋自己吃不到的东西

本想坐下吃个安心饭,没想到狗狗开始叫着要求"吃肉肉"
啦……

眼馋其他"汪"的食物,是狗狗由来已久的习性。可以说,
这个习性暴露了狗狗对食物的贪欲。自己捕获的食物就是自己

无论狗狗多想品尝人类的食物,
都还是无视它的要求为妙。请在
家人之间达成共识,统一行动。

的，绝对不分给其他汪。反过来想，自己其实也会眼馋别人嘴里的食物吧。当它看到人类吃饭的场景、闻到食物散发出来的味道时，也许不会思考"你们凭什么吃那么多美食呢"的问题，而是会身不由己地嚷嚷着："给我一口啊！"

这种类型的狗狗，只要尝到一次主人从餐桌上喂食的甜头，以后就会餐餐不落地跑过来等候。所以愚蠢的人类啊，请无视这种行为吧。即使狗狗过来，不要跟它说话，不要跟它对眼神儿就好啦。

而且，人类食物中有些物质对狗狗健康有危害。比较有代表意义的当属洋葱和巧克力了，葱类食物会造成狗狗贫血；巧克力会导致狗狗中毒。就连带葱的汤汁都需要注意。除此以外，辛辣香料，不易消化的章鱼、鱿鱼、虾、贝类等会造成狗狗呕吐或腹泻；鸡骨和鱼刺可能会刺破狗狗内脏。请各位小主注意防范。

吃完饭以后要用舌头把嘴边舔干净。但对于长毛犬种，就需要主人予以帮助了。

"湿乎乎的小嘴巴是要闹哪样……"

你不喜欢？还以为你能笑逐颜开呢！

大多数的狗狗都能在吃饭喝水以后，把自己嘴边舔得干干净净。但是，也有那种饭后一定要走到主人身边，用主人的衣服擦嘴的狗狗！一定要这么仔细地擦嘴，你是个多爱干净的狗狗啊?!

我倒是认为，这是因为狗狗觉得主人的反应有趣，才会特意做出这样的行为。主人满脸气愤地嚷嚷着"不要哇"，转而又忍不住笑出来……狗狗看到主人的这种反应，一定会继续淘气的。

　　狗狗本来就是生性顽皮的，如果主人真的想制止某种行为，一定要冷静认真地说："不可以！"

　　如果您家里是小狮子狗、玩具贵宾、日本丝毛犬等，嘴边长着胡须的犬种或者白毛犬的话，就需要您在餐后帮它仔细擦拭嘴边，再梳理干净了。因为这样的犬种，很容易因为嘴边口水或污垢导致口腔黏膜疾病。即使不生病，口水中的细菌粘在毛发上，时间一长也会让毛发变成红棕色。所以，不仅要在餐后用湿毛巾或湿纸巾帮助它把嘴擦干净，平时也应该时不时地帮它擦擦口水。虽然口水没什么特别的害处，但毕竟影响美观，会让狗狗看起来脏兮兮的。

"手工制作？直接购买？"

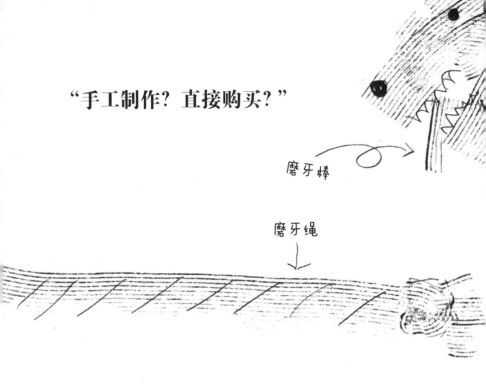

磨牙棒

磨牙绳

亲手制作的爱心晚餐真的太好吃啦！如果再让我多说一句，能再给点磨牙的东西吗

　　说到方便，没什么比得上市面上销售的袋装狗粮。但是里面的添加物嘛……何况狗狗也是重要的家庭成员，每天都吃这种合成食品好像也有点于心不忍。本着这样的想法，越来越多的主人开始在闲暇时间亲手给狗狗做饭吃了。

　　与我们对饭菜的审美不同，狗粮里完全不需要添加调味料。狗狗每日所需的盐分微乎其微，把每天的饭菜和零食加在一起，盐分基本就足够了。砂糖虽然对狗狗身体无害，但是热量过高，所以应该尽量让狗狗从碳水化合物中摄取糖分。

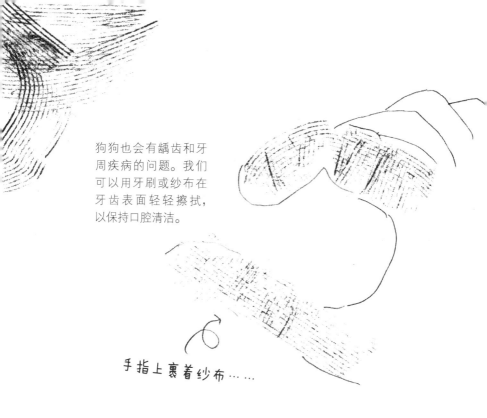

狗狗也会有龋齿和牙周疾病的问题。我们可以用牙刷或纱布在牙齿表面轻轻擦拭，以保持口腔清洁。

手指上裹着纱布……

虽然生肉和新鲜蔬菜中含有大量的蛋白质分解酵素，更容易消化，不会给身体造成负担，但是生肉的卫生状况还是令人担忧，请不要喂狗狗生肉。蔬菜被加热以后，口感更加甘甜，可以促进狗狗的食欲。但有些狗狗会特别爱吃生卷心菜、生白菜、黄瓜、胡萝卜等，大概是喜欢那种脆脆的口感吧。我们可以变着花样喂狗狗一些蔬菜，让它们摄取到更加丰富的营养。

近来，患牙周疾病的狗狗越来越多了，所以请不要忽略狗狗的饭后刷牙环节。平时可以购买一些有磨牙效果的磨牙棒、磨牙绳等，据说效果显著。或者主人可以直接在手指上裹一圈纱布，帮狗狗清理牙垢。

无论狗狗多么沉迷于游戏中，主人也应该严格管理游戏时间。"今天的游戏时间结束啦！"

"请适可而止！"

玩耍的时候兴奋过头，不小心太用力啦

　　想伸手拿走狗狗最喜欢的玩具，它会不会忽然对着你汪汪大叫？还有些狗狗明明在玩捡球游戏，可是叼着球球就不知道跑到哪里去了……

　　狗狗是一种占有欲非常强的动物。如果小时候没有养成"不管是什么东西，只要主人命令我，我就一定要放下"的习惯，长大以后就会霸占一切"属于自己"的东西。狗狗玩到兴头上的时候，可能会难以抑制自己的兴奋。这时候你要是去拿它的玩具，难免它会产生"这是我的玩具！你走开！"的想法，这才会呼噜噜对着你叫唤呢。如果主人勉强去抢夺玩具，狗狗一定会本能地

表现出一副"誓死捍卫"的模样吧。

如果主人因为恐惧狗狗呼噜噜低吼的声音，放弃拿玩具，那么狗狗就会学习到"低声吼叫的效力"，慢慢变成再也不交出东西的狗狗。小奶狗的时期，就算被它们咬两口也不会很痛，所以最好在幼犬时期就完成"该松口时就松口"的训练。

主人还应该决定狗狗玩玩具的时间以及玩具的种类。幼犬时期开始，主人可以进行"给我"的训练。只要狗狗能听话地交出玩具，就应该给予充分的表扬。就算狗狗无论如何都不愿意松口，也不要勉强去拿。别理它，等它自己慢慢冷静下来就好了。

欣喜到不知所措

爱犬有时候会倚在主人的脚边、胳膊上，或者在主人的背后……腰部一抖一抖。难道，这就是传说中的"跨骑"？看到明明像小宝贝一样可爱的狗狗做出如此举动，主人不禁在脑海中勾勒出性行为的画面，难免深感震惊。虽然这种行为看起来跟狗狗交配的动作相同，但其实狗狗并不会感受到其他物种的性魅力。所以，这种动作并不意味着狗狗把主人当成了亲密爱人，您大可放心。并非所有狗狗都会如此，但确实有些小不点儿一兴奋就会这么做。

"都做了去势手术还会有发情期？"

太好啦~~
大家都在~~

心 情 大 好

家人团聚的时候，狗狗也异常兴奋。这其实是一种天真无邪的可爱举动，主人视而不见，它就能慢慢冷静下来了。

　　这些小不点儿有雄性也有雌性，但多数是对人类抱有友好态度的年轻雄性狗狗。高兴起来不知所措，陷入小小的抓狂状态时才会这样吧。

　　如果这种举动产生于狗狗同类之间，那么就意味着跨骑在上的狗狗要强调自己的优越地位。

　　虽然这种举动没有性含义，但看起来还是有点尴尬。如果主人大声呵斥"停下来"，狗狗会误以为这是主人在跟自己玩耍，进而更兴奋了也说不定。所以在狗狗靠过来准备"干坏事儿"的时候，安安静静地命令它"停下来"吧。或者，您根本就可以完全无视它。

"咬人之后有做反省吗?"

狗狗已经不知如何是好了,
只能静静等待主人怒气平息

　　去朋友家做客的时候,看到他家的狗狗想摸摸头,没想到却被反咬一口……这样的事情时常发生吧!主人和客人都会吓一跳,反倒是狗狗看起来波澜不惊。不要因为狗狗的这种行为心生恐惧啊,因为这种行为并不能成为狗狗具有攻击性格的佐证。很多情况下,狗狗都是因为恐怖、自卫的心理才会张嘴咬人。

　　大多数人都觉得摸摸头会让狗狗幸福快乐,但也不是完全

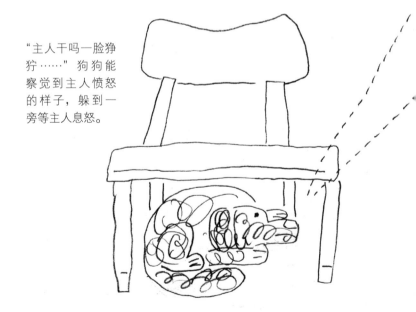

"主人干吗一脸狰狞……"狗狗能察觉到主人愤怒的样子,躲到一旁等主人息怒。

如此。平时很少与外人接触的狗狗，就不太喜欢跟陌生人的肢体接触。

换位思考，狗狗看到头顶上那个高高的家伙伸手过来，八成会觉得这是受到了攻击吧。如果您能蹲下身来，平视狗狗的眼睛，微笑着告诉它"我不是敌人哦"，多少能缓和一些狗狗对你的戒备和恐惧吧。小朋友跟狗狗接触的时候完全想不到这么多，常常肆无忌惮地去抓狗狗的尾巴。主人们请一定要避免狗狗跟小朋友单独相处哦。

狗狗因为问题行为被主人呵斥的时候，可能会身体蜷成一团、垂下耳朵、抬起眼睛瞄着主人，看起来好像是在深刻反省，但其实这只是它不知道如何应对主人的怒气，在静静等待主人息怒而已。

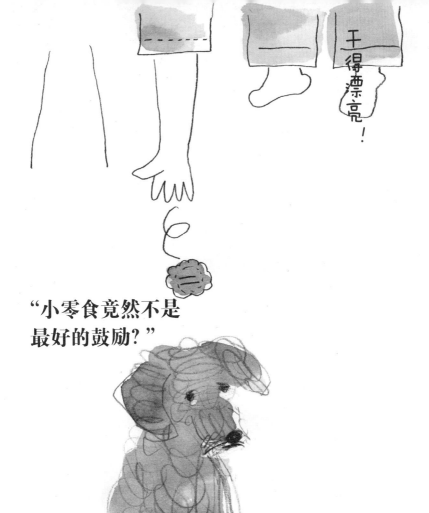

**"小零食竟然不是
最好的鼓励?"**

狗狗并非一定会喜欢给
自己零食的人,但却一
定会喜欢表扬自己、陪
伴自己的主人。

你对我的表扬才是最好的鼓励

作为群居动物，狗狗不太擅长单独生活。当狗狗与人类生活在一起的时候，就需要对它进行一定的生活习惯教育。有些主人会认为"要狗狗做这个、做那个，挺可怜的吧"，但其实只有狗狗经过训练，熟悉了人类生活，才能更好地与我们融为一体。

虽然狗狗被批评以后会改掉某种行为，但一段时间以后还会故技重施。相反，只有受到主人表扬，才能养成长期的生活习惯。也就是说，狗狗做错事的时候不仅要明确给出"不可以"的命令，还应该在改善以后给予大大的表扬。无论正面评价还是负面评价，都应该给出固定而清晰的反馈。例如，做错事的时候，说"不可以""不行"；行为正确的时候，说"好孩子""干得漂亮"等。在批评狗狗的时候，请注意不要喊它们的名字。

教育狗狗的时候，搭配一个小零食的做法可能会非常奏效，但零食并非必不可少。主人的表扬、温柔地抚摸，才是狗狗最珍爱的嘉奖。如果准备了小零食，就尽量在狗狗肚子空空的时候进行训练吧。有些聪明的狗狗，知道主人会拿零食奖励自己以后，看不到零食就不会按照主人的要求做动作呢。所以说啊，训练的时候要巧妙地使用表扬的语言和身体交流，才能真正体现作为主人的领导地位。

"哎呀，你等一下！"

我只是想自己玩儿一会儿嘛，你要是大吵大嚷的话我可就不回去啦

按照狗狗的本性来说，它喜欢生活在喂养自己的人周围。所以，原则上狗狗并不会主动从主人身边逃跑。而狗狗从主人身边跑开的原因，大概有这么几个：运动不足导致心理压力大、跟主人之间没建立起充分的信任关系、野性太强、被发情的母犬吸引等。

散步中有的狗狗会趁主人一不留神就挣脱项圈跑掉，这可以定义为"好奇心重"且"追求自由"的行为。要是主人手忙脚乱地大喊大叫，那狗狗一定以为你在跟它玩耍，然后越跑越远。记住，即使狗狗挣脱了项圈，你也应该临危不乱。与其跟在后面跑，不如像召唤它跑回来摸摸头那样冷静地对待。等狗狗跑够了，自然而然就会回到主人身边来。如果狗狗生活在室外，可能因为雷声或惊吓跳过围栏逃跑。所以在下雨打雷或者放烟花的日子，还是应该让狗狗进到屋子里来。

在作家志贺直哉的作品中，提到过一只在搬家之后走失的狗狗"小熊"。1周之后，作者在公交车里看见游走在路边的"小熊"，赶忙下车把它带回了家。据说，这种事情发生的概率仅为1/206600，可以算得上是奇迹了。

狗狗要是挣脱牵引绳
跑出去，要么遇到交
通事故，要么跟其他
狗狗或者人类发生争
执，要么就会变成迷
路的小孩。请主人格
外小心。

只要遵守群居规则，就不会发生令狗狗不愉快的问题。主人请用表情、声调一目了然地表达自己的态度吧。

168

听从领袖的指挥，是狗狗最愉悦的生活方式

可能有人不太擅长训练狗狗。作家菊池宽老师曾经提到过，"只要认真训练，3 天就能让淘气包变成哈巴狗（一种小型犬，据说经过训练以后行为举止可以像公主一样优雅）。"但是对于狗狗来说，究竟被训练到什么程度才算幸福呢？

训练的时候、命令的时候、表扬的时候、批评的时候，要用固定的词汇跟狗狗交谈，否则狗狗很难理解我们的意图。表扬和批评的时机很重要。在狗狗的行为符合我们的要求时，要马上给予表扬；在狗狗做出问题行为的时候，应该立即提出批评。请你务必贯彻执行这个要点，否则，狗狗根本没办法理解你的表扬和批评是针对的哪件事。

训练的方法，可以根据狗狗的性格因材施教。如果对很大声音表扬容易兴奋的狗狗，之后再用力揉搓它的话，狗狗一定会过于兴奋。对这种狗狗，应该低声表扬、轻轻抚摸。而对于那些羞怯安静的狗狗，反而应该大声称赞"好狗狗！"才对。

狗狗能读懂人类的表情，感知到声调中的感情。表扬它们的时候一定要带着由衷的喜悦，批评的时候一定要带着严肃的表情，以便狗狗正确理解我们的意图。

"晕车了？"

打哈欠吐口水，根本停不下来。
停车休息一下好吗

据说狗狗很难适应摇摆不停的车内生活。因为狗狗并不理解"车"是个什么东西，所以跟人一起坐车的时候只能徒增紧张。何况，让身体平衡适应车辆的摇摆，也需要花些功夫。

如果你期待跟爱犬一起"开车兜风"，那最好从狗狗小时候就开始训练吧。如果它从小能够习惯坐在车上的感觉，就不会对车有很强烈的抵触情绪，也没那么容易晕车了。有人认为"小型

狗狗晕车时，停下来让它们下车呼吸下新鲜空气吧。别把狗狗单独留在车里，有可能会发生中暑哦。

犬更喜欢坐车兜风"，这仅仅是因为喜欢被主人抱在怀里吧。

与大型犬相比，小型犬可能比较容易适应被抱在怀里晃来晃去的感觉。

如果说狗狗不喜欢车，要么是因为第一次坐车的时候晕车很难受，要么是因为一坐车就要去宠物医院。这些生活中的小细节，让狗狗把"车"和不愉快的记忆连接在了一起。狗狗是种学习能力很强的动物，一旦有了这种刻板印象，就很难接受"车"了。

让狗狗坐车之前，不要让它吃太多东西。也可以提前让它玩得筋疲力尽，上车就进入梦乡。如果开始不断打哈欠吐口水，怕是要吐了呢。

狗狗没了毛发，可能会被太阳晒伤，也可能会被蚊虫叮咬

夏季来临，有些主人总是会担心"狗狗太热"，而把它们的毛发剃光光。这种"夏季发型"，其实只是人类一厢情愿的担心呢。虽然狗狗不能像人类一样通过排汗来控制体温，夏季更容易中暑，但是它们在夏季到来之前会换毛啊。真的没有必要把它们的毛全都剃掉。

狗狗的皮肤比人类的皮肤薄很多，皮肤角质层厚度仅为人类角质层的 1/3 左右。

作为另一种保护机制，丰富的毛发不仅可以守护狗狗的皮

"啊，终于干净啦！"

肤不受外界刺激，还能起到保证身体干爽、预防病原体入侵等作用。说到夏季的外界刺激，一定要提到紫外线。毛发能防止狗狗皮肤被紫外线直射，让狗狗远离酷热。而且狗狗喜欢在草坑里跳来跳去，如果一点毛发都没有，该如何预防蚊虫叮咬呢？剪掉如此重要的毛发，可能会使狗狗患上各种疾病呢。

其实，还有另外一个不推荐剃秃毛的原因，那就是每次剃秃以后，发质就会发生改变，很有可能再也长不出原来那种茂密的毛发了。

只有对夏季不换毛的狗狗，或毛发一直会长长的狗狗，才有必要剪毛。但这种剪毛的目的，也只是为了通风而已。

"下次穿什么好呢?"

因为像疼爱小孩子一样,才满心欢喜地把它打扮得漂漂亮亮。如果是超短毛品种的狗狗,衣服倒是也能起到一些保护作用。

如果看起来还算高兴，倒是穿也无妨

穿衣服这件事儿，不一定会让狗狗舒服，但一定不会让狗狗觉得自己好看。没准儿，狗狗自己会觉得穿衣戴帽是件烦心事儿呢。因为它已经穿上了自己的"原装皮衣"啊。可尽管如此，主人还是会按照自己的喜好给狗狗穿上各种各样的衣服，其中不乏束手束脚让狗狗没办法自由活动的款式。穿上衣服以后，狗狗会感觉身体被束缚住了。依照从祖先——狼那里继承来的本能，它会有种被年长的狼训斥的感觉。在这种感觉下，它只能采取服从行为，这对狗狗来说是一种莫大的心理负担。

如果你看到自家狗狗"开开心心地穿上了新衣服"，那也仅仅是因为狗狗看到了主人喜悦的表情，想得到主人的表扬，而违背了内心真实想法："没办法，就先穿一会儿吧……"

话虽如此，但别忘了衣服更重要的功能。吉娃娃、腊肠等犬种的皮肤柔嫩，穿上衣服能起到夏季避暑、冬季御寒的作用。雨天穿衣能防止狗狗被淋湿，在室内穿衣能避免毛发乱飞。如果作为主人的您一定要给狗狗穿衣服的话，一定要注意干净清洁哦。

自己的味道都被洗没了，好焦虑哦

对人类来说，"洗或不洗，这是个问题"。有人说"洗得太频繁会损伤皮肤"，也有种极端的说法叫作"不洗脸美容法"。

狗狗的皮肤角质层比人类的角质层薄，应该比人类更需要进行皮肤呵护。所以在狗狗皮肤腺体经常会分泌出油脂，起到保护皮肤表面的作用。所以过度清洗毛发，会减少保护皮肤的油脂，这真的不太利于狗狗的皮肤呵护。狗狗其实也有适合的沐浴露。偶尔听说主人买了昂贵的高级沐浴露，却导致狗狗皮肤发炎的问题。

"一起洗澡吧！"

在海边和田野里玩耍以后，洗洗干净当然没什么问题。但请不要执着于频繁洗澡哦。

比较理想的洗澡用品，是含有脂肪酸钠、脂肪酸钙成分的天然"香皂"（因为沐浴露中含有从石油中提取的合成表面活性剂），虽然洗净能力突出，但有不适合狗狗皮肤的可能性。

狗狗天性爱干净，但使用沐浴露是人类的生活习惯，不要强加给狗狗。大多数的狗狗对"脸上沾水"、"洗澡时间太长"有本能的抵触情绪，所以都不怎么爱洗澡。特别是柴犬、秋田犬等日本犬，多数天生怕水。何况一洗澡自己身上的味道就找不到了，这也太让狗狗慌张啦！主人要注意啦！不要用味道过于强烈的沐浴露哦！

"只有一只不会寂寞吗？"

因为从小就没有跟兄弟姐妹一起玩耍过，
所以只要有人类的家人就足够啦

　　狗狗小的时候，能从跟爸爸妈妈、兄弟姐妹玩耍的过程中学会互相交流的方法、互相撕咬的小游戏、捕猎的技巧、狗狗社会的规则等。这些可是人类没办法教给它的事情，也是自己没办法学习的能力。所以小奶狗跟其他狗狗一起玩耍是件很重要的事。

　　有这样一个例子。有个家庭捡回了一只流落在路边的小奶狗。这只小奶狗因为从小就没跟其他狗狗相处过，所以对其他狗

与猫不同，作为群居动物的狗狗离不开同伴的陪伴。但是现今社会中的狗狗，已经把人类当成同伴了吧。

我也是家庭成员之一。

178

狗感到非常恐惧。要么主动攻击其他狗狗，要么等其他狗狗走近的时候就扭头走开。一定是它并不懂得如何与陌生汪接触，这点让它自己也深感困惑吧。

如果遇到这种情况，可以把月龄在 2.5~4.5 个月的小奶狗放到狗狗家庭里接受训练，以便了解如何进入狗狗的社交社会。

主人每当见到与自家爱犬相同的犬种，或者年纪差不多大的狗狗，就想着让自家狗狗"交个好朋友吧"。但其实狗狗之间也有一定的亲疏关系。如果两只狗狗中，一只从小就习惯与其他汪亲密接触，但另一只却并非如此，那无论主人多么想要撮合也无济于事吧。如果勉强把两只狗狗的脸按到一起，保不齐哪一方会掀起争斗呢。对于现代狗狗来说，"人类家庭"就是它的群居社会。只要家人能把狗狗当成家庭一员，就足够了。

"我可以抱你吗，宝贝？"

看到可怕的东西时，狗狗也会感到紧张。如果想被狗狗喜欢，就学学太宰治（日本作家）那样，告诉狗狗自己是好人吧！

你紧张的时候，狗狗比你还要紧张

有的人有狗缘，有的人莫名其妙没有狗缘。狗狗是如何判断对人类的喜好呢？这大概源自人类面对狗狗时的紧张情绪吧。有点怕狗狗的人面对狗狗时，免不了有点心惊胆战。而狗狗一旦感知到了人类的这种情绪，自己也会开始紧张。而能够轻松愉快地面对狗狗的人，会带给狗狗一种"来跟我一起玩儿吗？"的讯息，吸引狗狗靠近自己。在还不清楚狗狗有没有接受自己之前，千万不要擅自做出什么举动。如果狗狗有兴趣，它会自己走过来接近你。而当对你没兴趣，或者感觉对你有所警觉的时候，才不会靠过来呢。

作家太宰治的随笔《畜犬谈》中，记录他被狗狗讨厌、被狗狗喜欢，进而成了有狗缘的人的过程。文中提到："我对狗很有自信。也就是说，自信我有朝一日会遭遇到狗的袭击。"想必是把狗狗当成了可怕的动物了吧。在后文中，他又提到自己面对野狗时的态度："遇到野狗的时候一定要面带笑容，用微笑证明自己是'无害'的人类。如果夜晚时分没办法展示自己的笑脸，就只能开口哼唱天真烂漫的儿歌啦。"用这种"证明自己是好人"的方法来避免遭遇狗狗的袭击，也真是煞费苦心。可是没想到，这种方法竟然慢慢地让他转变成了"被狗狗喜爱的人"，甚至于小奶狗会跟在他后面蹦跶呢。说到底，身体里也有被狗狗喜欢的基因吧。

"好像只要摸摸，
你就会兴高采烈呢！"

说好的身体接触，怎么变成了浑身按摩啊

　　对于狗狗来说，肌肤接触是必不可少的训练手段。对于我们人类来说，亲亲抱抱举高高也是小孩子和家长之间亲密关系的一种表现。肢体的接触，总是包含着浓厚的感情。汪星人也一样，超级喜欢与主人的肢体接触。主人的轻柔抚摸，将被转换成"主人爱我"的亲身感受。相反，如果肢体接触不够，狗狗有可能会调皮捣蛋地吸引人的注意力呢。所以，在训练狗狗的时候，必要的肢体接触可以起到事半功倍的效果。轻轻地抚摸，能给狗狗带来莫大的荣耀感。狗狗喜欢主人抚摸脖子、后背和胸前，但是却不喜欢尾巴、小爪子、鼻尖被碰到，请留心哦。

　　养成身体接触习惯的前提，应该要求狗狗可以接受主人碰触身体的每一个部分，所以尽量从狗狗小时候开始训练才好。因为主人一定需要给狗狗刷牙、剪指甲、擦耳朵，如果狗狗不能接受这种程度的触碰，主人也会感到为难的。主人可以在口常让狗狗侧躺，温柔地按摩脚底的肉球、轻轻地抚摸柔软的小耳朵，让狗狗渐渐放松下来。只有狗狗能完全接受这种日常的身体接触，才不会在特别的时候感到紧张。等狗狗可以接受主人的抚摸以后，再尝试让它们适应别人的触碰吧。

保持良好关系的素养教育

素养教育❶

目光接触 / 面部接触

"叫你的时候要过来哦！"

叫名字以后狗狗如果转过脸来看着你，一定要给予大大的表扬。

日常对视的时候，要微笑致意哦。

主人的笑脸百看不厌

　　被叫到名字的时候，要转过头"面向主人"。不过如此的动作，却是通过眼神交流训练狗狗服从命令的基础。例如，主人给出"坐好"的命令时，首先要四目相对才行。如果狗狗听话地看向了自己，可千万不要忘了表扬它。这种方法，能让狗狗理解到"我跟主人四目相对的时候就会有好事发生"，从而增加对主人的关注度，能在紧急事态发生时更容易控制住它。刚开始的时候，可能狗狗还不适应对视的感觉。所以只要狗狗对自己的呼唤做出了反应，就要给出鼓励的表扬哦。

等待

"人命关天的事情，一定要牢牢记住哦！"

单手拿着奖品、单手命令狗狗"坐好"和"等待"。命令的时候要语气沉着。

狗狗做到了"坐好"和"等待"的动作以后，要声音洪亮地给予奖励，然后逐渐转化为没有奖品的训练模式。

等待太长时间，难免心里长草

　　狗狗学会了"坐好"以后，就可以学习"等待"了。首先，单手握着奖励用的小零食，给出"坐好"的命令。狗狗坐好以后，张开拿着零食的手，给出"等待"的命令。狗狗静坐 1~2 秒，就应该给出"好"等可以动的命令啦。反复训练，狗狗就能理解"好"的意思。接下来，主人可以适当延长等待的时间。在训练狗狗新的动作时，与其让它们从失败中吸取经验，不如让它们体会到成功的乐趣。等待的时间可以从 1~2 秒开始，渐渐延长到 3~5 秒。

"室内室外都能排便才是最理想的模式。"

狗狗左顾右盼的时候，应该带它去洗手间。

如果真的在洗手间排泄了，一定要毫不犹豫地表扬狗狗。

焦虑不安的时候，就是要去洗手间的信号，请带狗狗如厕吧

　　无论是小型犬还是大型犬，都应该让它分别学会如何在室内和室外排便，这样才能让主人保持安心的状态。例如，如果一只大型犬只接受在室外排泄的模式，遇到阴天下雨主人生病的情况，难免狗狗和主人都心情焦虑。常年在室外排泄，就连狗狗自己也会抗拒室内排便的行为。可是想想你抱着体重高达 30kg 的大型犬到室外嘘嘘的情景……有没有一种画面太美不敢看的感觉？在狗狗年岁尚小的时候，教会它在室内排便的方式吧。一旦狗狗开始左顾右盼，就要问问它是"嘘嘘"还是"臭臭"，然后就带狗狗如厕吧。

"听到叫你就要回来哦，走得太远会让人担心。"

从牵引绳允许的范围内开始训练。回来就给予表扬，让狗狗认识到"听主人的话有饭吃"。

换成更长的牵引绳进行训练。不要勉强拉扯牵引绳，用零食或者玩具引诱他们回来。同样，要给予大大的表扬哦。

其实我还想去那边看看呢，
不过要是你叫我的话……

　　正玩到兴头上，却听到主人的呼唤，狗狗的内心深处一定在呐喊："还想再玩儿一会儿啊！"可是稍一犹豫，主人就开始生气的话，狗狗免不了担心"回去要训我吧"，或者产生"了不起来抓我啊"的叛逆心理。如果狗狗不情不愿地回来，也只能面对主人没好气地一顿吼的话，就太没意思啦。重要的是，需要让狗狗具备"主人叫我呢，我得赶快回去"这种意识。那么，怎样才能成为吸引力十足的主人呢？秘诀是：跟狗狗一起享受散步的乐趣。如果狗狗知道主人也跟自己一样享受着室外运动的快乐，就会产生强烈的伙伴意识，那么自然而然就会在听到呼唤的时候乐于回归啦！

看起来不太舒服的样子……

狗狗身体欠佳，却苦于有口难言。然而管理爱犬的健康状况，随时关注狗狗有没有生病，可是主人不可推卸的责任之一。我们应该每天仔细观察狗狗的行动、习性、排泄物外观，抚摸它的身体，这样才能敏锐地发现它身体变化的情况。同人类一样，狗狗在不同的年龄层，对体重、运动量、每日摄取热量有着不一样的要求。饭量不变却胖了、运动量没变却气喘吁吁，这样的情况在人类中非常常见，所以主人也应该同样留意狗狗的身体变化情况。

脚步运动很僵硬啊、出现了眼屎啊、腹泻啊、食欲下降啊、呕吐等，都是明显的身体欠佳的信号，请尽早前往宠物医院就诊。如果狗狗频繁做出异常的行为和行动，也是身体状况发生改变的信号，请千万不要置之不理。

✚帮助! 奇怪地开始流口水

狗狗通过分泌唾液调节体温，在中暑的时候会大量分泌唾液。请把狗狗转移到阴凉场所，用凉水擦拭身体降温。如果环境温度并没有很高，就应该考虑其他可能性，请尽快前往宠物医院吧。

✚帮助! 频繁摇晃脑袋

频繁摇脑袋的时候，可以考虑耳部异常。狗狗的耳洞通风不好，耳屎可能成为细菌繁殖的温床，导致外耳炎等疾病。对于垂耳品种，需要定期擦耳朵。

✚帮助! 大量饮水

散步或者剧烈运动以后，本来就应该大量饮水。但看起来并不会缺水的时候，狗狗却开始大量饮水，就是我们需要注意的问题了。这可能是肾炎、膀胱炎、子宫囊肿、糖尿病等病症的征兆。

水、
喝水！

篇后语

我们人类可以通过行动或者语言表达自己的情绪，这并非一件难事。而且与其他动物不同，人类可以把内心情感和外在表达加以区分。心里想着"这个人不好对付啊……"脸上却能和颜悦色地打着圆场，这种时候难免也惊讶于自己的表现吧。但是狗狗却不会做这样的事情。它们率真地表达着自己的喜怒哀乐，快乐、害怕……这些情绪都会被清清楚楚地表现出来。遇到一起愉快地玩耍过的人或同伴，它们会用身上的每一个细胞来表达喜悦。如果遇到了不喜欢的人或者有过不愉快经历的对象，狗狗也会明确地表达出拒绝的姿态。

尽管狗狗的情绪如此直白，我们还是需要花些时间才能懂得如何理解狗狗的"情绪"。本书通过对话的形式，通过人类和狗狗的一问一答，从动物行为学和动物心理学的视角来解说狗狗的行为和习惯。对于让狗狗穿衣服的主人来说，希望您能了解到狗狗的内心活动："真是不想穿衣服啊，可是穿了衣服主人就会高兴，说不定还能得到些奖励呢！"而对于批评狗狗不应该猛扑过来的主人，希望您能听到狗狗的真心话："是因为太喜欢主人了才这么做啊！"像这样，我们用拟人的手法收集了一些狗狗的真情实感，不知道您阅读之后的感想如何。如果读者能多花些时间倾听爱犬的"真心话"，我会感到由衷地喜悦。

艺术设计 吉池康二（ADOZ）
插画 渡边贾一
执笔（Writing）FUNAKAWA NAOMI
（KARAKURI 公司）
策划·编辑 株式会社 童梦

监修者

中村多惠（NAKAMURA KAZUE）

狗狗驯养咨询师。是经过日本能力开发推进协会认定的高级心理咨询师。取得了 1 级宠物饲养管理师的资格。1990 年师从特丽·莱恩女士，学习了犬类素养正向强化法（通过表扬来强化素养）理论，之后完成了日本动物医院福祉协会家庭犬类 7 级指导员的课程。其后在八王子市内、相模原市内的动物医院、宠物商店从事犬类驯养工作，同时接待宠物行为问题的个人咨询。经历了 50 多年宠物狗驯养经验以后，目前与 2 只拉布拉多宠物犬共同生活。经常解答那些失去宠物，或者正深受犬类行为问题困扰的主人的咨询。

INU NI IITAI TAKUSAN NO KOTO
Copyright © 2012 K.K. Ikeda Shoten
Supervised by Kazue NAKAMURA
Illustrations by Kenichi WATANABE
First published in Japan in 2012 by IKEDA Publishing Co., Ltd.
Simplified Chinese translation rights arranged with PHP Institute, Inc. through Shanghai To-Asia Culture Co., Ltd.

©2020 辽宁科学技术出版社
著作权合同登记号：第 06-2019-70 号。

图书在版编目（CIP）数据

你不懂狗狗：与狗狗变得更加亲密的73种方法 /（日）中村多惠编著；王春梅译. —沈阳：辽宁科学技术出版社，2020. 8
ISBN 978-7-5591-1609-3

Ⅰ. ①你…　Ⅱ. ①中…②王…　Ⅲ. ①犬—驯养　Ⅳ. ①S829.2

中国版本图书馆CIP数据核字（2020）第091219号

出版发行：辽宁科学技术出版社
　　　　　（地址：沈阳市和平区十一纬路25号　邮编：110003）
印　刷　者：辽宁新华印务有限公司
经　销　者：各地新华书店
幅面尺寸：145mm×210mm
印　　张：6
字　　数：100千字
出版时间：2020年8月第1版
印刷时间：2020年8月第1次印刷
责任编辑：康　倩
封面设计：袁　舒
版式设计：鼎籍文化创意　万晓春
责任校对：徐　跃

书　　号：ISBN 978-7-5591-1609-3
定　　价：32.00元

投稿热线：024-23284354
邮购热线：024-23284502
http://www.lnkj.com.cn